DEEP WEB

深网

Google 搜不到的世界

[德] 匿名者 著　　张雯婧 译

中国友谊出版公司

图书在版编目（ＣＩＰ）数据

深网 ／（德）匿名者著；张雯婧译. —— 北京：中
国友谊出版公司，2016.7（2022.2重印）
ISBN 978-7-5057-3787-7

Ⅰ．①深… Ⅱ．①匿… ②张… Ⅲ．①网络环境－研
究②网络安全－研究 Ⅳ．①TP393

中国版本图书馆CIP数据核字(2016)第160175号

著作权合同登记号 图字：01-2016-5706
Blumenbar ist eine Marke der Aufbau Verlag GmbH&Co. KG
1.Auflage 2014
©Aufbau Verlag GmbH&Co. KG, Berlin 2014

书名　深网
作者　[德] 匿名者
译者　张雯婧
出版　中国友谊出版公司
发行　中国友谊出版公司
经销　新华书店
印刷　北京中科印刷有限公司
规格　710×1000毫米　16开
　　　13印张　162千字
版次　2016年10月第1版
印次　2022年2月第10次印刷
书号　ISBN 978-7-5057-3787-7
定价　39.80元
地址　北京市朝阳区西坝河南里17号楼
邮编　100028
电话　(010) 64678009
版权所有，翻版必究
如发现印装质量问题，可联系调换
电话　(010) 59799930-601

深网是一个平行的数字世界，它远大于可见互联网，由无尽的数字信息构成。在深网中分布着数字飞地，这些区域为那些不敢或畏惧公开露面的人，例如黑客、持不同意见者、潜逃的罪犯、受难者和危险人物等各类不愿被识别出身份的人们提供保护。如果我们把互联网形容为透明的玻璃盒子，那么深网就是黑暗的地下室。然而获得这种隐秘性也要付出相应的代价，匿名行为会引起他人怀疑，特别是引起特工和虚拟犯罪警察的注意。因为这里经常被利用，作为武器、毒品和儿童色情产品的交易平台。

匿名者带我们一同深入深网，通过亲身体验向我们解释如何进入它。作者努力联系业内知情人，例如德国瓦乌霍兰德基金会（Wau Holland Foundation）理事会成员贝恩德·费克斯（Bernd Fix）、著名软件设计者莫里茨·巴尔特（Moritz Bartl）、众为科技（ADTECH）国际客户服务经理史蒂凡·乌尔巴赫（Stephan Urbach）、维基解密前雇员丹尼尔·多姆沙伊特－伯格（Daniel Domscheit-Berg）等，与他们见面、交谈。作者亲历了 FBI 探员破获最大非法商品交易网站"丝绸之路"（Silk Road）的过程。在探寻过程中，作者也不可避免地陷于对峙的双方之间：一方是西方国家力求保护公民而进行数据监控和收集，另一方是黑客们对抗全面监控并争取世界上最后的自由空间，即深网。这是一场关乎未来，并且早就应该公开进行的斗争。

　　总是有人问我这样的问题：我要不要把笔记本的摄像头覆盖上？我的回答是：您不仅要盖住摄像头。您还得把计算机的麦克风拆下来。

——弗洛里安·瓦尔特（Florian Walther），信息安全专家

目 录 | CONTENTS

信息互通互联的最大问题在于人们很难验证其来源。

——奥托·冯·俾斯麦（Otto von Bismarck），1878

序 言

"原本我喜欢这类书。"弗朗克·普什林（Frank Puschin）说道，他的脸上露出同情的表情，一边舒服地把身体靠到椅子里。"如果这些书情节够紧张，具有完整性，而且在内容上富有新意，那么我确实想读一读。"他喝了一口咖啡，"如果不能做到上述几点，而只是表现出尽量朝这个方向努力，我认为这样的书就太过表面化了，"说话时他的嘴唇贴在咖啡杯的边缘，"或者说就完全没有必要再写这样的书了。"

弗朗克·普什林有深色的头发、运动员的身材、修长的脸颊和健硕的上臂。他说话时目光极具洞察力，就像伦琴射线仪发出的射线，这种射线在医院里通常用来诊断病人。当病人站在仪器前面准备做检查时，护士往往会向他们解释说："如今伦琴射线检查绝对安全，不会有任何问题，而且对人的身体健康是绝对无害的。"而随后出于安全考虑，她一定会远离仪器，甚至走出房间，留下病人独自接受检查。

"我认为写一本仅以 Tor 网络（洋葱网络）为内容的书十分困难，不过如果确实写出了这么一本书，那当然是好事，"普什林说道，随后将咖啡杯放回到白色的桌面上，"但是我们作为联邦州犯罪调查局（LKA）的官员，一定不会指导人们如何在网络上不被发现，无形地成全他们去做非法的事情。我们也不会泄露任何侦缉秘密，例如如何保护个人信息以及我们如何行动之类的。这样的内容严禁出现在书的行文中。"

弗朗克·普什林看上去 30 岁出头，他的举止却像 30 多岁的人，我猜他有 38 岁。他为自己和家人盖了一栋房子，不是建在城市里，而是建在美丽的乡间。很可能正因为如此，他心里时刻想着比 Tor 网和比记者采访更加急迫的事情。可能这会儿他正想着怎么给屋顶做隔热层，如何修理浴室，或者估算用信用卡支付太阳能设备的好处。

弗朗克·普什林在汉诺威犯罪调查局担任主调查官，负责互联网犯罪中心的工作，在办公室他最常做的事情叫作"无关事由搜索"。无关事由意味着弗朗克·普什林和他的同事所采取的行动不需要具体的作案嫌疑或者初始犯罪嫌疑。这就好比如果巡逻警察拦下某辆开上斑马线的机动车，经调查该驾驶员是醉酒驾车，他在这种情况下即构成初始犯罪。如果警察在循环性例行巡逻时拦下某个人，便是无关事由的。当普什林需要进行这类检查时，他并不需要开车出去，而只需坐在电脑前，其实他的工作始终如此。弗朗克·普什林就好比穿着警察制服的黑客。

"我们的工作就好比数字警察，"他操着蹩脚的官方德语向我介绍，"我们向同事提供一定的技术支持，多是和互联网及社交网络有关的。如果有潜在的绑架案或者女孩失踪事件发生，我们会在网络上查询：她与谁有过联系？和谁聊过天？我们知道哪些关于她朋友的信息？她有没有在脸书（Facebook）上表现过自杀的倾向？"普什林又喝了一口咖啡，解释道。"他们一般在什么情况下会请教专家？您的同事们不懂如何进行网络调查吗？他们不能自己在脸书寻找线索吗？"我的问题有些直接。普什林思考了一下，随后回答道："他们可以。"不过这仅是他的回答而已，同样的问题答案也可以是否定的。

在德国，弗朗克·普什林这样的官员并不多。虽然一些州级犯罪调查局和检察院设有互联网犯罪"专项部门"，但是这些部门尚缺少应对不断发展的犯罪形态的经验。虚拟犯罪是一个新兴现象，并正逐步引起政府的关注。与因受严格的法律监控而增长放缓的传统犯罪相比，互联网欺诈、盗用信用卡以及其他数字犯罪呈爆炸式增长。每天在网络上浏览的网民对此却一无所知，或者他们根本不考虑这些问题。

"您身边的同事大多是 30 岁左右，并且整个团队的平均年龄仍呈下降趋势，是这样吗？"我试图提出一个新的问题。"是的，我们是比较年轻的团队，"普什林边回答边得意地笑着，"并且我们得具有一定的背景知识和专业知识，互联网上使用的是另一种语言，实际上是多种语言，比如内部俚语、电脑游戏缩写和特定的网络概念等。"普什林继续解释，并从一只黑色的袋子里拿出一个东西。"如果您不了解这种语言，不能掌握它在虚拟世界中的应用方法，那您很快就暴露了，接下来大家不再用这种语言交流，他们马上就会意识到有外人进入。对于我们的侦查工作十分重要的是，在对话中，不要问软盘上有没有 Windows，您已经明白我指的是什么……"说着他又喝了一口咖啡，靠到椅背上，向窗外看了一眼，"您能住在这里多好。"

沉默。

"您这样觉得？"我边说边在比萨外送服务的点餐栏上输入自己的地址，购物车里有一份夏威夷菌菇比萨（这是普什林点的）和辣味萨拉米比萨，弗朗克·普什林这时舒服地坐在我家的沙发上。

"我非常喜欢您家，我想在自己的房子里也装一面这样的墙，"普什林边说边递给我一个 U 盘，"这面墙是用旧砖砌成的，还是后做旧成这样子的？"

我左手点击发送了订餐消息，右手接过普什林的空咖啡杯，从桌子上方端了过来。"我觉得这墙壁是用旧砖砌成的，不过我可以再问一下房屋经纪，也许他更了解情况。"我说道，且指了指杯子，"再来一杯吗？"普什林点点头，转头又看向那面墙："那当然好了。"

我将 U 盘插入电脑，随后观察它的图标：在储存介质上设有一个小的输入栏。"这是一个保密 U 盘，"普什林盯着我的眼睛说道，"只有在输入栏内输入密码才能进入并读取储存信息。如果密码输入有误，上面的内容会自动删除。如今在任何一家商店都能买到这样的 U 盘。"说着他在电脑上输入一组数据，打开了 U 盘。"我已经将它解锁了，现在可以看到里面储存的内容。如果在人们保存资料时能设密码对资料进行加密，那自然很好。但如今普通的邮箱已经不能完全做到这一点，"他补充道，"大多数人不会设置真正的密码，密码通常被称作斯特芬 24 码，可以用于电子邮件、银行账户、电脑和手机。这种密码几分钟就可以破解。"他叹了口气。"那要怎么做才更好呢？"我问道，并让普什林登录我的电脑。"密码要由大写和小写字母、数字及特殊符号组成，最好是充分利用所允许的长度并由计算机创建密码。"他边说边喝了一口咖啡，并用自己的信息登录我的电脑。"我母亲曾经为自己的亚马逊账户买了一组密码，"他摇头，"这是非常冒险的做法，尤其对于电子邮箱，因为一般在邮箱里面会有你在亚马逊和推特等服务器上的所有登录信息，人们应该特别保护这些信息。其实有在数据保护方面做得很好的网站，被保护的数据和信息是非常安全的，这样就无须再时时担心个人信息被他人盗取。"

在互联网上保持不被发现，或者尽可能地在大多数时候不被发现，像这样的想法很容易实现：通过一个叫作 Tor 的网络。Tor 网最基本的运行原理好比一个替代网络。通过浏览器这样的小程序，人们就可以像在"普通"网络上一样进行浏览。有了这样一个特殊的浏览器，你就进入了 Tor 网，它也是一个全球性的网络。例如当我想要打开网页时，这个叫作 Tor 客户端的程序会将我的数据信息通过多台不同的、随机选出的电脑进行传导。那我们就可以这样设想：有一个劫匪，他以传统的方式抢劫了某家银行，随后他跳到事先停在银行门口的车里，开车逃跑。他沿着马路驶向藏匿地点，在到达藏匿地点后把车停在了门口。他进屋打开了一听可乐，随手把钱袋子往床上一扔，就在这时门铃响了，随后走进来两位警察，他们摇着头问这是不是他第一次作案——事实上他们在远隔几英里外就监视到劫匪的一举一动，并且清楚地知道藏匿地点在哪里，最后他们轻而易举地给这个蠢笨的劫匪戴上了手铐。而在 Tor 网中，整个事件的发展则会完全不同。由于这里的信息会经过多次传导，劫匪开车逃跑，左拐右转，这里我们简短叙述：劫匪将车改色、喷漆，在夜色降临时，也就是抢劫发生很久之后，他到达了藏匿地点——历时之久，以致警察已找不到任何潜逃踪迹。准确地讲：如果警方最终不知道究竟是谁上传和下载了什么东西，那他们就无法定位罪犯。罪犯享有了一切可以想象的自由。通过这两个例子的比较，我们还要想到：Tor 网不仅是犯罪分子的伪装，也是警察常用的保护手段，因为警察的行动也并不总是在任何时候和任何地方都依据法治原则。

互联网上有一些网页只能从 Tor 网进入，而有的网页则能够在普通网上打开。如果在 Tor 网中打开像亚马逊或者脸书这种普通网页，那么运营商就不再能识别我们的身份信息。这时电脑的 IP 地址，也就是类似指纹的东西，无法被重组。不过如果没有 Tor 网的话，我们的电脑就会到处留下指纹。如果网站无法追踪用户的行为，它们就没有机会继续出售从用户那里收集来的信息。Tor 网不需要注册和登录，否则对于这样一个保障匿名性程序来说就太可笑了。Tor 网是通过姓名和邮箱地址来验证身份。

"人们在 Tor 网中也不要感觉过分自由。"弗朗克·普什林说着在我的笔记本显示器上打开了一个数据库，里面有无数张邮票大小的女孩和男孩的照片，他们摆着或多或少一致的姿势。由于照片太小和像素的特殊处理，无法辨识出照片中的人。"由于电脑中的各种后台程序都在发送信息，以至于只有由 CD 启动的空白计算机或许在操作中是安全的。当我上网点击时，偶尔也会留下痕迹——尤其当意识到接触了非法产品时，经常会引起注意。"图片信息在加载大量的、无数的图片，即便小到难以辨别内容，但凭感觉总觉得这些图片很不同。"毒品买卖并不是最大的威胁，"普什林在图片完成加载之后叹了口气补充道，"最大的问题是儿童色情产品交易。"

"这确实是个可怕的问题。有多少这样的图片？"我问道。普什林将鼠标的光标移到程序下方的位置，那里显示的图片信息大小为27GB——这些图片足够制成最佳分辨率下无数个小时的视频。"这只是我们这两天从 Tor 网下载的材料。"普什林紧闭双唇，他不想再谈论下去，但随后他又开口说道，"目前在我们联邦州犯罪调查局服务器上的数据量已达兆兆字节。如果有人打开这些网页，无论在 Tor 网还是普通网络，当他看到这些图片时，有可能已经将照片暂时拷贝到电脑的储存介质中了。"普什林从电脑上拔下 U 盘。"任何存有儿童色情图片的人都有受到法律惩罚的可能。因此，在 Tor 网中我要特别小心，我点击了什么东西以及我在搜索什么内容，"他解释道，并将数据库锁定在屏幕上，"如果您在书中也能写写这些内容就好了，我认为这本身也是问题所在，也就是 Tor 网不仅仅只具有优势的一面。"

"听起来好像应该禁止 Tor 网，因为有人正利用这一技术从事犯罪活动？"我问道，并在记事本上将"儿童色情"这个词圈了起来。"不是，完全不是这样，"普什林回应说，"这是一项很好的技术，对于饱受审查和监视痛苦的人们来说，例如对于记者，这项技术同样也很重要。

我只是想说明凡事都具有两面性。"随后他又补充说道："Tor 网支持这样的设置，即人们不参与数据交换，也不解锁信息密码。这样能够防止在不知情的情况下交换这类照片。一定是有这样的设置存在。"他边说边看了眼手表，已经快五点钟了，看到外面天色已晚，他打算向我道别："我该回去了。"

"普什林先生，"这时我的客人已经走到了走廊，他腋下夹着公务包，正仔细地观察着墙上的红色砌砖，"冒昧地问您，我是否会在您离开后有这样的担心，也就是担心您没有保护我，监控了我的电脑？"我这样问道。他从包里掏出车钥匙。

"根本无须担心。"他回答说。

"我已经开始担心了。如果我要自己找监控的证据，会有什么发现吗？"虽然我对他的回答不抱多少希望，但我仍然问道。

"不会。"

"为什么不会呢？"

"您真认为我们如今还需要进入住所内到处安置窃听装置吗？"普什林问道，并指着我家对面的街口，那里有扇窗子，黑漆漆地开在房屋正面。"您看到那边的那栋住宅了吗？"他问我，并眯起眼睛，好像他必须这样仔细地去看才能看到。"是的，"我说，"然后呢？"

"如果我们要监听您，那么在那间屋子里就会坐着我的一位同事，他会在窗台安置一台小的设备。"

"然后呢？"

普什林举起他的包比画着。"然后那台设备就会发出精准的激光射线，射线经过街道射到您家玻璃窗上，当我们在屋内说话时，这道射线就可以感受到产生声音的震动，"普什林继续解释，"随后设备会将震动再转化为语言。如今人们已经不再使用传统的窃听手段。"随后他挥挥手，和我道别，开车驶入昏暗的远处。当汽车驶向右方进入主路时，车前的两只大灯亮了起来。

当我再次回到屋内，发现我的笔记本电脑静静地等候在那里。随后我望向窗子，注视着街对面的那个昏暗的房间好一会儿。

怎么感觉似乎有人刚刚换了那窗户上的玻璃。

深网

互联网最黑暗的隐秘世界

那只白色的兔子 [1]

进入暗网的途径

起初，只是听说互联网中还有一个几乎不为人知的地方：一个"不可见的世界"，它隐蔽在由数据垒成的高墙之内，在高墙之下，到底是什么人在受到保护？那里就是深网。

然而一切这样开头的故事都会以巨龙、火焰和禁锢来结尾。事情的发展貌似显而易见，但我在这里要说的故事却有点不同。故事开始于酷夏8月的一天，在柏林的一个小咖啡馆里，故事的结尾收于2014年初，在位于东部的一间住所内，也正是我落笔写这本书的地方。

我并不想仔细描述这处住所，也不想描绘它的样子。事实是：我一直打算整理一下思路写写我的房间，然而，由于在此期间，我脑子里会不断涌现无数新的信息、令人惊喜的发现和别人中肯的观点，这些一直在干扰着我，以致最终我干脆放弃介绍它的念头。这对我来说真是一段艰难的时光。

我本人也是一个普通人，我可以是你们当中、你们身边的任何人。除

[1] 白兔诱使爱丽丝掉进兔洞，令爱丽丝开始了一段奇幻之旅。本书中的白兔、铅笔鸟、小蜥蜴、毛毛虫、柴郡猫，都是刘易斯·卡罗尔的小说《爱丽丝梦游仙境》中的角色，其他人物还包括扑克士兵、红心女王、红心国王；书中的标题，如"那只白色的兔子""深入兔洞""在林立的路牌中""茶话会""咬上一口蘑菇"，等等，都借用了小说的描绘。——编者注

爱德华·斯诺登（Edward Snowden）

了需要说明，我是一位忠诚的公民，我遵纪守法，其余真没什么好再介绍的了。当听到批评的声音过大时，我会捍卫政府的权利并劝诫批评者冷静下来。同时我也会时刻提醒政府意识到民主和存在的不和谐因素。在这里何为批评者呢？我指的是那些处在国家监控下的人——他们的语气有种强势、激动和扣人心弦的味道。

尽管我喜欢读报而且经常读报，关于数据保护的争论已经使我厌倦。处于事件两端的人，无论是政府还是计算机积极分子都没有表现出与对方交流的意愿。最多只是会谈及这样的话题，而其中除了充满敌意的相互指控，双方再无其他交流。斯诺登事件中他本人也惜字如金，甚至闭口不言，而这个可怜的家伙被迫留在了莫斯科。简言之：我们缺少对整件事的了解，或者说我根本也不再想知道这些。从根本来说，我们的政府对于争论不能做出任何贡献，一切仅仅像一场政治作秀：政府对此毫无作为。

我对德意志联邦政府的放弃也许是从汉斯·彼得·弗里德里希（Hans-Peter-Friedrich）出任内政部长开始（我对他的辞职并不感到惋

惜）。从那时起，我内心感受到严重的创伤，就像一次不幸事件对当事者产生的心理创伤。坦诚地讲，双方的争论在我看来十分愚蠢。波法拉和弗里德里希从美国两手空空地回来①，带回的是"目前间谍事件已时过境迁了"的臆想和积极分子对自由永恒的呐喊。如果这里仅仅是加上"不过、但是"来做解释，那么这已经违背了公民权利。在这层意义上，我十分钦佩马丁·路德·金的精神。

　　令人发笑的是：我的放弃并没有就这样结束了，不但没有结束，还可以说，一切恰恰朝相反方向发展。在去年8月的某一天后，我的经历开始发生了急剧的变化。我彻底改变了自己的想法。就在去年最炎热的那天，我开始了一段旅程，就像爱丽丝的魔幻之旅，伴随着它，我一天天地深入一个奇幻世界，那是个你永远找不到出口的地方。然而这一切又是如何发生的呢？答案很简单——有一只白色的兔子，它穿着简洁的西装、戴着一只偌大的手表，每个看到它的人都会感到无比好奇，不自觉地选择去追逐这只兔子，毫无例外。我在去年8月经历的事情正是如此。从那时到此刻也就不到4个月的时间而已。

　　当汤姆有写一本关于互联网的书的想法时，而且他的这个想法已足够明确："来吧，让我们一起写本关于互联网中的未知世界——深网之类的书吧。"他当时就是这样提议的，那时我们在柏林，他把挂着的拐杖倚到木桌边上。据说他在运动时伤到了腿，至少所有人的确都是这样讲的。

　　那时我对深网完全不了解，从来没有听说过这个词；而汤姆在报纸上读过一些关于深网的文章。"汤姆，我不太了解这个话题。"我边说边拿起面包蘸着盘中的蔬菜汤，这汤盘是用一种绿色叶子装饰的，但汤

---

① 博拉法是德国总理府部长，弗里德里希是德国内政部部长。两人就"棱镜门"事件和德国总理默克尔手机遭窃听一事前往美国讨说法，但两手空空而回。——编者注

的味道实在淡而无味，"你真的觉得这会是一个选题吗？"他坚定地点头并为自己点了一杯意式浓缩咖啡。窗外盛夏笼罩着整个柏林城，蝇虫飞舞、酷热难耐。这种时节，大部分人选择在湖边避暑。"这当然会是个选题，你想想：武器、毒品、黑客。"汤姆含着口中的汤激动地说道。没错，那时单单是想到武器、毒品、黑客就让我不禁内心激动。但这只是幼稚的激情，就像年少时能建造一间树屋，或者想为买网上杂志而去贷款的想法一样。因为这种寻求突破的激动往往会以华丽的失败告终，这也是所有曾冲动行事的人在数年后仍不愿回想的事情。不过这个想法是可爱的，汤姆也是我可爱的朋友。可他只是说："我们一起来做这件事吧。"还有，"你有 4 个月的时间。"我回应他说时间太少，这点他也清楚。在向外走时，他自言自语地说这可是"最新选题"，我们的那次谈话就这样结束了。不知道为什么，当我望着汤姆离去的背影时，感觉自己就像一个小男孩。有人告诉他要爬上 10 米高的树去搭建树屋，递给他的却是一把破锯和一个坏梯子，而那些年长的兄弟则躲到一边去抽烟。

　　对我而言：借用《时代》周刊中的比喻，3 到 4 个月的交稿期限，就像一块白面包配半份冷蔬菜汤。而且我确定，这一定会是件累人的活儿。我把白面包浸到汤中，开始吃起来。

　　4 个月后我在想：我的上帝，我本该在这期间打扫一下房间。我望了一下天花板，仅仅只发了一小会儿呆，随后我又回到笔记本电脑前。屏幕上的内容是：迷惘时期的迷茫笔记；一张照片，上面是一只倚靠在砖砌墙前的白色兔子。除此以外，房间里散落着打印出来的各种毒品交易网站网页、毒品成分的医学解释、多日未洗的脏咖啡杯、旅行单据、一个记满名字和号码的日记簿、一些照片、要约见的联邦犯罪调查局官员的名片、FBI 的声明和不同加密软件的安装说明书。这些东西都会使人想起开膛手杰克（Jack The Ripper）或者连环杀手查尔斯·曼森

（Charles Manson），再或者，使人想到戒毒中心的工作人员或记者。有时我会问自己"我是不是疯了"。

那次在柏林见面时，汤姆递给了我一张报纸，里面有篇文章是关于汤姆最初提到的未知网络，也在一些媒体中被称作暗网（Darknet）。暗网中有无数平台，在那里，人们可以买到所有在普通商店中无法买到的东西：武器、海洛因、LSD（麦角二乙酰胺）、迷幻蘑菇、大麻或者 K 他命——学名氯胺酮 (S) 异构体、用作紧急手术麻醉和制伏失控大型动物的镇静剂，这些药物会使人致幻。"丝绸之路"（Silk Road）就属于供应这类东西的网站，好比毒品和非法商品的亚马逊。可以说，是汤姆给我看的这篇文章把我带入深网中。据说这里还有杀手和所谓的"玩偶"性奴，这一切使我感到惊疑。用烤掉双眼的儿童死尸来满足扭曲的欲望。作为常人，根本没法想象，到底是什么人能想出这样的变态鬼主意。在我读完这篇文章之后，当然也想亲眼看看这一切是否真实存在。

我到了家就立刻投入写这样一本书的准备。然而，进入暗网需要一张入场券，这里是一个叫作 Tor 的免费软件。软件可以直接从网上下载，而且并不是很大，大概 25MB，通过调制解调器需要差不多 2 分钟。文件夹包括一个浏览器软件和一个调制解调器拨号上网软件。据我了解，要先登录一个叫作 Hidden Wiki 的网站，它就类似于深网的电话簿。从这里可以进入那些可疑的网站。有一篇文章提到，使用匿名链接会引起情报机构和调查局的怀疑，对此，我当然只是一笑置之，把它当作耳旁风。不然，我怎么进入暗网呢？4 个月后，当我在和一位探员的对话中证实这个说法时，显然为时已晚。不过，这并没给我带来太大的麻烦。

Tor 的下载网页并不难找，安装也完全没有问题，再加上软件升级，一切搞定。到此，我仍觉得这不算什么难事——找到暗网，尝试使用，写点关于它的东西。故事就讲述完了。

直到去年 8 月，我还会在找不到路时习惯性地求助手机的导航
APP，我还会把所有个人信息都存在邮箱里。当有朋友一再劝我给邮箱
加密，而且不要使用谷歌时，我只是一笑而过。我会为网站服务器把常
用数据储存在客户端感到欣喜，因为我认为，每次都要重新填写地址这
件事简直太恼人了。而那位朋友却担心 Pizzaservice 服务器上存有我的
住址信息。随后在 8 月的一天，我家的电话响了，电话那头是汤姆，他
介绍自己并说他在 Blumenbar 工作，是一家属于奥夫堡旗下的出版社。

从那时起，事情完全改变了。

深入兔洞
深网技术和密码

　　我的手指机械式地敲击着键盘："请输入用户名和密码。"点击确定。"用户名或密码错误——请联系客服或者重新注册。"我失落地合上笔记本电脑，向后拉了下椅子，走进厨房。几天来，我都没有搞定这个灰色窗口，一直要求我输入用户名和密码。但是我既没有用户名又没有密码。我想这就跟爱丽丝掉到兔子洞里的感受一样吧。掉进洞中，被困在黑暗里许久，直到来到摆着饼干的桌前。

　　我一次又一次按 F5 键，没有任何变化——除了灰色的窗口一再重新打开，阻挡我的路径。"请输入用户名和密码。"一点击确定一"错误：用户名或密码无效。"

　　我一次次在键盘上进行操作的原因是想进入"丝绸之路"，也就是这本书要介绍的暗网中的交易平台，至少是在汤姆的建议下，我是这么认为的。联邦犯罪调查局在去年秋季大会的新闻发布会上是这样描述这个平台的：

　　"'丝绸之路'是被称作'深网'中的网站，'深网'就是互联网不能通过普通搜索引擎找到的那部分。'丝绸之路'以寻常的网上商店的方式提供了一个网上黑市。在'丝绸之路'上几乎能买到所有东西。据估计，该网站目前的营业额达 12 亿美元。"

许多人质疑这一数字的准确性：因为人们在"丝绸之路"上需要使用比特币支付，这是一种纯数字货币，而且在此期间，每个比特币已被从 150 美元炒到 850 美元。那么问题就是：在跨度为 2 年的时间里它的营业额会有多少？这种情况下应该依据怎样的汇率来计算？"丝绸之路"不是一个简单的网站。在 FBI 封闭它不到 4 周后，它又重新出现了——仍然极具影响力，生意一如既往地火爆。可见老版的"丝绸之路"已无缝连接至"丝绸之路 2.0"。如果这个灰色的登录窗口后面确实有这么一个网站的话，那无论如何我都要进去看看。

我把过滤纸塞进咖啡机，脑子里听到我的女朋友对我说：困难只是暂时的。我手里拿着咖啡机的滤盒在想，在这之前，汤姆是怎么设想的？我之前又是怎么设想的？我溜进深网，说自己是个记者，要写一本书，然后就能和里面的人轻松、愉快地聊起来？还是和他们侃侃上一次怎么把 5 公斤的可卡因运出去的，或者抱怨一番通过阿富汗的过程有多麻烦？这样不就相当于去肉类屠宰场，然后说："哇哦，这里都是死猪啊！"说完又期待能展开实质性的交谈。我向咖啡机内倒水并按了"开始"键。之后我靠在桌子边上，抱着双臂，向窗外望去。外面的天气也同样糟糕。

进入"丝绸之路"论坛需要一组用户名和密码。而在注册用户名和密码之前必须要有邀请密码，这是已通过认证的会员邀请其信任的人进入网页的方式。没有邀请密码就无法进行新会员注册。这确实是个有效的安全措施，因为只有认识论坛里的人才能得到邀请密码，这相当于为新注册者提供担保。如果没有认识的人，则很难与论坛取得可信的联系。而且，如果因此做出无知的评价，就会引起论坛老用户的注意，有可能被认作 FBI 安置的初来乍到的新人。

　　过去我只接触过逮捕赌徒，从来没有和毒贩打过交道。我不了解他们之间交流使用的语言。"丝绸之路"不仅是个交易平台，在交易网站背后还有一个论坛，可以以买家和卖家的身份进入论坛，提出不同的需求，就像是后室。我不知道怎么正确地提问题。错误的提法就像："我在哪儿能买到毒品？"正确的也许是："昨天打了太多 K（K 粉，Keta）——有什么能下劲的货吗？"不过我既没有兴趣去碰 K 粉，也不需要在网上买药物来抵消 K 粉的效劲。我身后的咖啡机轰隆作响，没错，咖啡煮好了。

　　据 Heise 医疗站称，2013 年 11 月 12 日和 13 日在威斯巴登举行的联邦犯罪调查局（BKA）秋季大会上，联邦犯罪调查局主席约克·蔡尔克（Jörg Ziercke）所做的题为"犯罪侦查学 2.0"的报告指出，虚拟犯罪具有无界限增长和危害的可能性。此外，Heise 表示，据蔡尔克称，因使用比特币和 Tor 网，相关调查在互联网中受到大面积阻碍，使用比特和 Tor 网中隐藏的"丝绸之路 2.0"被视为犯罪侦查学的最大挑战。

　　"问题不在于存在有各种武器交易网站和毒品买卖的网站，"联邦犯罪调查局如此有力声明，"并不在于涉及的是哪些犯罪行为，而更多的是这些犯罪行为是如何进行的。"也就是说着眼点不在于涉及什么犯罪内容，而在于是怎样进行犯罪："丝绸之路"不像互联网中的普通网页那么容易进入。原因并不在于注册网站只能通过担保人推荐，因为在网站第一次被关闭之前，担保人推荐根本不属于进入网站的程序步骤——那时所有人，只要他知道网站或者有相应的链接，就可以进入。答案在网络本身当中：起初引起调查人员警觉的并不是非法交易，而是进行交易的网站自身的不可见性。这就好像在阿富汗：军队和情报机构都不喜欢洞穴和山脉，那根本不是容易进入或适合布置监控的地方。

"丝绸之路"就处于这样一个无法进入的地方之中。

　　许多人不了解的是，互联网仅仅是网络世界的表面部分，只是冰山一角，占整个网络极其微小的一部分。互联网的基础是大量的数据，这些数据构成全球互联网的主要部分，也就是冰山的山体。这部分往往都隐藏在水面以下，隐蔽在暗处，是不为人所见的。

　　互联网中这一大部分被称作深网（Deep Web）。深网由数据库、被封的网站和新的网站组成，这些网站并不在线上或者说人们无法搜索到它们，因为没有相关的关键词指向这些网站。网站内容也受登录身份保护或者要求付费，这点容易解释：例如大学和研究机构的数据库，只有学生和教员拥有进入该数据库的用户名和密码。类似的还有保险公司或者银行的数据库、客户数据、NASA 的数据库，以及国家气候数据中心(National Climatic Data Center) 的档案（作为全球最大的天气档案，里面储存了过去 150 年的天气图表）。根据来自国家气候数据中心的估计，每天有约 224GB 的新数据补充到该档案中。到今天为止，该档案储存的数据达约 6PB，相当于 6 000TB 或者 600 万 GB。据说，深网中也有情报机构和调查局的网站，这也有可能是谣传。再打个比方，深网就像你早就很想打扫和整理的地下室，里面堆放的旧东西都积满了灰尘，蜘蛛躲在角落里仔细地织网，它们用蛛网把那些尘封的旧物整齐地打包。地下室里会堆放着古董、长辈遗留的物件儿、多余的杂物和令人毛骨悚然的东西，像祖母的陶瓷玩偶，每当有一道光照到它身上时，它总会瞪着诡异的眼睛。你可以把深网想象成这样一个地方，只不过它的规模远远超过人们的估计。

　　然而有些数据明显相互矛盾。例如，有估计认为，深网的规模约为可见网络的 400 倍，可见网络在这里指可以通过搜索引擎获取的表面网络 (Surface Web) 或者可见网络 (Clear Net)。还有的人判断，我们通过传统搜索引擎可以使用的网络占全部互联网的10%。这里我们举例比较：华盛顿国会图书馆的数据储量约为10TB，其中包括470种语言的约3 450万册图书和其他印刷品，这是目前世界最大的数据库。据加利福尼亚大学统计，可见网络包含的数据约为167TB。根据以上估计，深网的规模约为91 850TB或者91PB，而这仅仅是2003年的数据！在这一数字基础上可以肯定，在过去10年中这个数字发生了巨大变化，因为在此期间全球数据储量出现了暴增。据IDC市场观察家和EMC存储系统设计师估计，2020年生成、拷贝和使用的数据量约为40ZB，也就是400亿TB。研究者认为这相当于全世界沙滩上沙粒总数的57倍。同时全球数据储量值每2年还会翻一番。

美国国家安全局（NSA）在犹他州设立的计算中心数据显示，各国政府也是以上述预测来制订计划。据说，该中心数据收集能力在YB数量级。虽然还没有准确数字，但1YB相当于1 000ZB，是当今数据总量的100万倍以上。关于数据储量和储量发展我们就了解到这里，这些是作为进行情报调查的出发点。我们也不再纠缠于人们的质疑，即NSA日后到底打算如何储存这些数据。积极分子认为，NSA的超级计算机能够在本机服务器上储存未来100年的全部网络往来信息，包括所有数据、照片和邮件。至于这对我们是归档储备世界知识的一次难得机会还是巨大且令人反感的全球监控体系的开端，这个问题要求每个人自己来判断和回答。

我回到写字台前，把咖啡杯放到桌上，拉开椅子，重新打开笔记本电脑。但愿这次我能有好运气，可以试出进入"丝绸之路"网站的邀请密码。电脑重新启动后，我输入开机密码，进入Windows系统，随后屏幕上出现我的桌面。我用鼠标点了一下，打开了一个装有各种文件的界面。这就是Tor网的浏览器数据包。此时我对这些操作熟悉了一些。Tor 这个名字可能会引起大家错误的理解，它和德语单词 Tor 没有任何关系。它不是"通往地狱之门"或者其语义中"大门"的意思。软件名称 Tor 实际是由洋葱路由器（The Onion Router）的首字母构成的缩写。起初，洋葱路由（Onion Routing）是由美国海军研究实验室（US Naval Research Laboratory）研发，目的是为了支持美国政府与其对外（军事）机构之间的联系。洋葱（Onion）这个名字又来自"洋葱原则"，可以根据"洋葱原则"对网络中的链接进行加密和改变路径。概括地讲，就是在多个层面对所有数据信息和链接进行加密。

原则上，每台电脑都有自己的指纹，也就是 IP 地址。IP 地址随时可以证明每台使用中的电脑身份——通过它，也可以证明用户刚刚或者正在浏览哪些网页，包括用户身份。当用户进入网站时，也会相应地给电脑分配一个 IP 地址，即便你可能有多个 IP 地址，并且每个地址都不与某个固定的使用地点相绑定，像不同的通讯地址。如果我要发送一些信息，例如一封邮件或者一张图片，IP 地址也随着这个数据包一并被传递——就像邮寄包裹上的寄件人信息——随后路由器决定如何将这个数据包以最快的方式传递给收件人，路由器在这里好比现实中的邮局——盖邮戳，然后寄出。也就是如果我发出了信息，每个人都知道这是我发的。当我向服务器提出请求时，原理也是一样的。例如，我想调出大型网商的网页，这时伴随我的申请，路由器就会在我的电脑和相关网页之间建立直接的联系。

通过洋葱路由的过程则不是这样的：整个信息传递过程的第一原则是尽可能保证发送者的匿名性。通过洋葱路由，用户可以使用浏览器，例如火狐 17 版，并且可以以相同方式在搜索栏内输入想要寻找的东西。在我等待说服"丝绸之路"论坛里的某个人给我提供一组邀请密码期间，我大可以到一些大型网商的网站上逛逛。我在搜索栏中输入经销商的名字，就像在普通网站一样。每一次搜索在形式上都是一次询问申请。

为了弄清楚在普通网页中的普通浏览和用 Tor 浏览普通网页之间的区别，我们可以再回到前面抢劫银行的例子。我刚刚从银行逃出来，跟跟跄跄地，左手提着装满现金的黑色袋子，右手攥着一把手枪，头上戴着头盔，我冲向那辆帮我逃跑的车，对司机大吼道："快！开车！"我把钱袋子扔到后座上，司机踩下油门。我们身后是追上来的警察。如果将我开车逃跑比喻成在普通网页浏览，这符合传统的既定情节：我的司机卖力踩着油门，车子一路向前疾行，我们坚定地继续行驶，最终到了藏匿地点。通过 Tor 路由则不同：跟跟跄跄，满头大汗，我手提钱袋，钻进帮我逃跑的车，关上车门。"快开车！"我大吼，司机踩下油门。我在后视镜中看到追上来的警车闪着蓝色的灯光。"我们不能直行，他们发现我们了。"司机紧张地喊道。"快转弯！"我对他大喊，我们经过的路程极其复杂。到藏匿地点之前我们会经过三个路口。在第一个路口转弯后，司机将车拐入一条辅路，在那儿他撞上了一个消防栓。在此之前，所有路人都能看到我们的车子原本的样子。随着污水从被撞坏的消防栓中喷出，车子被染成了棕色。当我们驶出这条路时，车子看起来好像从汽车拉力赛上回来的一般。在下一个路口，我喊道："向右转。"随后我们停在一家载重汽车修理厂前。在那里，我们的车被重新喷了漆。现在修理工既不知道我们的车原本是什么颜色，同时他也不知晓我们的诡计。我们立即起程继续前进。到了第三个路口。"我朋友会做车牌。"我的司机在喊，同时这会儿警察早已不见踪影。"去找你的朋友！"我回应道。我们停在第三个路口，换掉了车牌，由于太方便搞定了，我们便把车牌框也一并换掉了。"走，快走。"我边喊边跳进车里。我司机的这位哥们儿不但认不出他本人——"你完全变了个样子啊，老兄！"——他也不认得我，不了解我们的过去，也不认得重新喷漆之前的车子——既不知道它最初的样子，也不知道它弄脏了的模样。几个小时以后，当我们在黄昏前到达距离不远的藏匿地点时，警察的搜寻仍毫无收获。我们的车没有留下任何痕迹，没有任何能够指引到藏匿地点的线索。我们分了赃，之后我从冰箱里拿出一听可乐，惬意至极。这个过程就类似于 Tor 服务器。

在现实中，这个方法并不需要上述例子中那么多程序或者操作。我在浏览网页前启动了这个叫作洋葱代理服务器或者 Tor 服务器的软件。它为我启动链接指令。在打开的 Tor 浏览器文件包中点击链接。那个小小的洋葱图标显示绿色，之后，我电脑的显示器上出现一行并不那么美观的绿色文字："恭喜您，您的浏览器已配置好 Tor 服务器。"

只要我在 Tor 网上浏览，我的请求就不再是直接发送，这样，最终接收者就无法识别出发送者。我发出的搜索请求，例如搜索网商的网页，将通过随机选择的其他上网者及其电脑在网络中传递，也就是说总是有 3 台电脑。研发者借助引入 Tor 服务器想实现尽可能的匿名性，但他们也不希望绕很久的路才能打开一个网页。这里不是直接连接到我想打开的网页，而是在中途转个弯——即放弃直达的路径，而选择 3 次绕路来抹掉我的路由痕迹。

上述的 3 次绕路就是 3 台电脑——①入口节点（Entry Node）；②中间节点（Middle Node）；③出口节点（Exit Node）。它们构成了通往目的地——网商的网页——的通道。通过 3 台电脑中的第一台，也就是入口节点，建立的还是直接连接，这台电脑还可以识别"我"，因为它接收我的请求。入口节点将我的请求继续传递至中间节点，在这里我的身份不再可识别。因为中间节点接收的仅是入口节点传递出的请求，即从第一台电脑传递出的，而不是我直接发出的。中间节点继续传递其从入口节点获得并解码的数据，并根据指令与出口节点建立连接——这样我的请求由第二台电脑传递至第三台，也是最后一个加密链。第三台电脑获得的只是方向指令，即继续向哪里传递数据，而对指令从哪里来的相关数据并不清楚。出口节点，即最后一台电脑为我建立服务器与网商的连接，网页被打开。并且出口节点也无法识别中间节点，同样也不认得入口节点，这样我的身份也不会被识别。请求经历 3 次传递后，网商的网页被打开，而这过程中不会确定和储存我的 IP 地址。网商的网页只知道最后一台电脑的 IP 地址，也就是出口节点的 IP 地址。

作为用户我是匿名的，不仅针对某一个搜索时间点，并且在搜索完成之后追踪不到我的访问记录，因为运营商或者客户端数据的提供者在记录文件里找不到我的 IP 地址以及任何有关我的数据；警察局、情报机构或者广告公司也不能。

不过这种网页的加载速度非常慢，以至于每次打开网页时都要考虑到这种情况，即网页加载过程可能在马上加载完成之前暂停，然后整个过程就此中断。因此，从 Tor 网进入的网页在视觉设计上都非常简单，网页上只有最主要的内容。必要时顶多会有像素很低的小图片，几乎没有网络广告，更没有视频。所有内容都被尽可能缩减。尽管如此，这些网页的加载速度依然很慢。Tor 网禁止或者屏蔽一切 Flash 内容，同样包括浏览器内置的插件，因为 Flash 是隐藏的危险，通过 Flash 能够找到关于发送者的信息。

人们可以使用 Tor 浏览器浏览可见网络的网页，并且以匿名的方式，Tor 服务器还能够帮助用户进入那些屏蔽了普通网络的网页，也就是通过 Google 以及其他搜索引擎找不到的网页。这些或多或少也是互联网中一个封闭的区域，也许能形象地解释"暗网"这个词的意思。但这些网页还不是洋葱网页。所谓洋葱网页都以 .onion 为后缀，而不像

普通网页以 .de 或者 .com 为后缀，并且在 Tor 网之外，这些网页是完全不可见的。这才是真正令人兴奋的部分，它们对记者、好奇人士产生一种难以抗拒的吸引力。通过索引网站就可以建立进入这些网页的路径。索引网站的原理有点像电话簿或者黄页——它是一个包括所有隐藏服务 (Hidden Services) 的名单。通过这种特殊的服务，可以匿名地在服务器上发布商品和服务。最著名的索引网站无疑是 Hidden Wiki，除此以外，还有许多其他的索引网站。另外还有专门的搜索引擎，例如 Torch。

隐藏服务并不一定是可疑、起破坏作用或者有初步动机的犯罪机构。它是出于 Tor 软件设计者的一个想法，例如能为抗议者或者持不同意见者提供活动平台，如信息交换，或者说为秘密交流提供服务场所。尽管如此，隐藏服务也被许多违禁物品的可疑服务方和供应方利用，因为留不下痕迹，就意味着找不到当事人。而这点非同小可。

莫里茨·巴尔特（Moritz Bartl）是德国著名的 Tor 服务器程序设计者，并且和 Tor 网保持密切联系，因此他经常收到来自媒体的请求。"是的，当最初所有人都来问我是不是认识一些抗议者，可不可以采访他们，他们如何被追踪以及与 Tor 网之间的联系。与告诉记者他们该如何采取行动相比，这些人还面临其他的困难。而且，向别人泄露这些事情本身就是极其荒唐的事儿。"巴尔特这样回应道。

为了给这些被追踪者提供平台，需要有像莫里茨·巴尔特这样的人来编辑 Tor 服务器。因为没有服务器就没有网络。巴尔特还提出："理论上，任何人都可以操作节点，也叫作出口继电器。""我们在 torservers.net 上提供特别快且特别可靠的节点，并帮助需要上网和急切需要匿名性指令的用户。"

Tor 在启动时及每个小时都会在公共 Tor 中继服务器上下载一次目录及其公共密码。巴尔特介绍说："Tor Directory Authorities 签署该目录，各个 Tor 中继服务器独立检查所有中继服务器是否运行正常。"这种模式被称作"一致"，由于要求体现一致，则要考虑每个 Authority。这些权限彼此独立并且由 12 位来自 Tor 领域的"可靠人员"操作和运行。目前实际操作人员为 9 位。

标准的过程是通过 Tor 中继服务器（也被称作 Tor Circuit，Tor 链路系统）建立 10 分钟可用的连接。"对于聊天和相似情况，连接也可能超过 10 分钟。"他解释说，"对于普通浏览，每次浏览动作都是一个新的连接，都通过 3 个节点重新建立连接。"

我现在操作的是整个链路中的最后一点——出口节点或者出口中继——可能有人利用我的出口与他请求的网页建立连接，进而做违禁的事。"这样做是不触犯法律的。人们不会因转发或者临时储存数据而被逮捕，"巴尔特补充说，"欧盟电子商务准则中就是这样写的。"

当我打开隐藏服务时，没有出口中继，巴尔特介绍说："之后会有 7 个跳数（hops）。"这意味着，这里不存在 3 个节点，而是每个位置有 3 个节点——在中间点之前有 3 个节点供我利用，作为隐藏服务到中间位置的保护。然后在交汇点 (rendezvous point) 会合。他继续讲道："在我进入隐藏服务时，我从来不会因为疏忽把违禁内容下载到中间储存器。尽管如此，若要运营出口节点，还是要考虑到会经常被官方查问，作为普通用户是否愿意承受这样的压力。"因此会有 2 个设置选择，没有经验的普通用户最好选择第二个，即用户选择，它是即刻激活的。

我还是无法进入"丝绸之路"，F5 键在这里也没有起作用。我要有耐心。我有足够时间在深网中好好转转，并不是只有在"丝绸之路"商城里才有热销的货物。相反，有更多"街头小贩"在兜售着好东西。我从文本文件中复制了一个 Hidden Wiki 的链接，粘贴到浏览器网址栏中。请注意：这里的网址看起来和普通网络中的链接不一样。

　　URL 地址栏中显示的是：kpvz7ki2v5agwt35.onion，浏览器开始加载网页。

在林立的路牌中

Hidden Wiki 和隐藏服务

Hidden Wiki 就像爱丽丝走进林立的路牌，到处都是路标，这些路标像被一个疯人钉到树上，而且都指向不同方向。

我用勺子搅拌着咖啡，咖啡杯与勺子相撞发出叮叮当当的声响，眼前这个长得好像维基百科的丑陋妹妹一样的网页慢慢打开。Tor 网保持一贯不紧不慢的节奏——在这里加载任何东西都要等上好久。一些用户嘲讽，只有经过 FBI 或者其他情报机构的服务器的网页才会快速打开。我不知道事情是否如此，但有一点是确定的：一般情况下 Tor 网的速度确实非常慢。原因在于每次连接必须通过另外 3 台电脑传递。专业人士告诉我，使用 3 台电脑能达到保护有效性和普遍速度之间的最佳平衡。

我的电脑散热器发出呻吟声。

http://kpvz7ki2v5agwt35.onion/wiki/index.php/Main_Page

除了普遍加载速度慢这个特点以外，Tor 浏览器每隔几天就要更新一次。更新时，要重新安装浏览器，同时清除所有历史痕迹。一般要使用一段时间后才会慢慢习惯这些情况，但对于新手来说，很可能你通过复杂的连接，辛辛苦苦搜集的东西一下子都没了。尤其是在一开始你对此完全毫无准备的情况下，会懊恼至极。在我第一次经历 Tor 浏览器更新时，我刚刚费力整理出的一个很长的浏览收藏夹——有些网页是英文的并且有些标题非常隐蔽，我甚至花了很多时间去给那些收藏夹分类和重新命名，以便日后使用起来更加方便，容易寻找；同时以便搜索到的东西也能找到可追溯的来源。当一切都完成之后却瞬间全部被清除掉了。那种感觉就像一个孩子花了几个小时搭好的积木城堡一瞬间倒塌掉了。当你慢慢平静下心情后，会手动把有用的链接一点点整理到一个文本文件中。爱丽丝遇到的情况也一样：是那只顶着扫帚拖把头的狗，带着爱丽丝沿着红色标记的路走出了林立的路牌。

我搅拌着杯中的咖啡，却发现杯子已经空了。该死！浏览器仍在慢慢地加载，最后屏幕上出现了一行字母——速度慢极了，从上向下，就像一台老式打印机打出的一样：The Hidden Wiki.

深网中，除了"丝绸之路"外，还供应涉及各种领域的大量商品或服务，像钱、色情、毒品、虚拟、博客和杂文、书、揭秘、电影、音乐等等。在我第一次登录到网站时，收到成堆的打包好的说明。Tor 项目设计者称：不要打开任何文件或者附件，定期升级并且记住：不要，一定不要登录个人电子邮箱或者银行账户。联邦州犯罪调查局提醒：要在选项中设置网络共享的数据——因为用户有可能会无意共享非法内容，例如"儿童色情视频和图片"。以上两种情况我都没有遇到，即便遇到，也是纯粹的安全或者常规指令；不过一开始我无法检验它的实际用处，我只好遵循谨慎对待的原则。

第一次进入 Hidden Wiki 会让人屏住呼吸：那是一种焦灼且紧张的心情，就像一只误闯入人肚子里的昆虫。有一种恐惧，伴随着接近亢奋而令人窒息的好奇。在我小时候经常体会这种感觉，当母亲对我说：

"一会儿你去地下室拿一罐菠萝上来好吗？"这意味着我必须一个人去地下室取菠萝。这并不是说我们家的地下室尤其昏暗、恐怖，而是我从小到大看过太多恐怖电影，以至于我去类似地下室这样的地方时，经常期待沿着地下室的台阶走上来一个孩子，穿着湿淋淋的衣服向我走来，他冰冷的脚踩在石质地面上发出啪啪的声音。

Hidden Wiki 上基本都是：销赃物品、偷盗信用卡、毒品、色情读物、黑客网页、雇用杀手。猛然有一种因为害怕和激动而不知道该从哪里看起的感觉。

由于还不能进到"丝绸之路"，我就先尝试几个其他网页，我打算从销赃物品开始。销赃品在 Tor 网中简直应有尽有，短短几分钟，我就通过 Hidden Wiki 找到了苹果手机、电脑、盗版书、软件和电脑游戏。毒品类也有一些可以替代"丝绸之路"的网站，不过店面都比较小，生意看起来不够好而且发出的消息经常没有回应。因为根本无法知道这是不是某些骗子做的钓鱼网站，所以人们宁愿不去触碰它们。这里到处都是骗子，这也是服务器和商品提供者的匿名性所附带的影响。用户也会讨论和讲述自己曾经在哪儿上过当。这类处于完全隐蔽性保护下的商店不容易销售商品。不过有时人们也明显会受其商品的吸引，进而上当受骗，像苹果手机和电脑类的电子商品，它们的价格会低到根本无法让人联想到是真货——尽管有些网上店主极力地一再强调自己还开着"合法店面"。而关于店铺的信息只有"我们的实体店在美丽的得克萨斯"，然后既没有地址也没有联系方式。而且卖家在其 Tor 网页上留的电子邮箱地址通常也是虚构的，通过这样的地址根本不能联系到卖家。"如果是我，一定不会在这里买苹果手机。"一个用户在一个黑客板块里是这样留言的，这个板块专门回答关于盗取信用卡的问题。"最好不要买，到目前为止，我听说的都是被骗了钱等等。你拿到手的就是一块塑料，重量和真机一样。我不推荐在这里买手机。"他继续写道，"这里毒品做得还是相当不错，那些人更专业，"他补充说，"可以完全不用再仅仅依赖'丝绸之路'。"

我：隐藏网络究竟是好还是坏——它更适合哪些网页？

用户：这里面有天使也有魔鬼。每个人同时可能是天使也可能是魔鬼，可能帮助你也可能欺骗你。但天使的力量要大于魔鬼，所以至今，这里的好要多于坏。我想这样能回答你的问题。而且我们难道不都等待在深网中找到宝藏吗？

其他用户：你们到底在这里讨论什么狗屁天使和魔鬼？没人听得懂你们的鬼话，你们是不是侦探，还是什么人？

Hackintosh（在非苹果生产或者非苹果授权生产的普通 PC 上安装 Mac OS）是 Macintosh 品牌名称的变体，以一半的价格提供苹果品牌的全部产品——买两部苹果手机之后第三部只需再加 100 美元。一部苹果 5 手机只要 100 美元，相当于 75 欧元。在苹果手机实体店买这样一部手机要花 600 欧元，而在这里就是一部廉价手机的价格。可疑的是，这些奢侈且高贵的手机却用像素质量很差的图展示，看起来像用很糟糕的手机拍出的图片。而且展示的手机都死气沉沉地铺散在一张小碎花式的床单上。这样会不会引起人们购买的欲望，我不得而知。苹果的展示窗看起来可是完全不同的。

Hidden Wiki 网页示例：

Hosting / Web / File / Image

Blogs / Essays

　　为什么这里的店主把价格定得这么低而且以这么低的价格销售，他们是这样解释的："我们憎恶大集团和银行。我们在 Tor 网中交易，为的是不被发现，同时我们的客户也不会被发现。"他们还建议顾客："尽可能经常地更换地址或者程序包位置。这样不容易中他人的诡计。"网站上的顾客给的一律都是好评："好极了！""非常专业！"都是这样的内容，或者是："我收到了 Mac 笔记本，现在只有一个问题：我没有能交给上司的收据。有人能帮我解决这个问题吗？"因为那些想在匿名模式中成功做成生意的人选择用贴近顾客的直接交流来弥补匿名性——寻找对话机会，基本上可以提出任何有关商品的问题，并且对话气氛通常是坦诚并且亲切、友好的。"我们提供你想要的所有商品。"Hachintosh 运营商这样宣传。

　　我把之前看到的碎花背景的苹果手机放到购物筐中，点击了"预订"。然后出现一个小窗口，需要我输入账号。然而并不是我常用银行的页面。Tor 网中用比特币支付，比特币在大多数隐藏服务中都通行，这种支付方式的好处是：网站中各式各样的标题，让人感觉像贫民区中的购物街，而通常这些街道都是为吸引富有的游客而建造的。这种地方总让人不想透露个人银行信息和真实姓名。而兑换比特币也是匿名的，最后支付是通过完全虚拟的货币。

　　比特币是一种网络币，目前有 1 220 万比特币在流通。比特币本身是完全合法的，现实世界中，有些商店也接受比特币作为支付手段。在德国，例如柏林 Graef 大街周围，就有一些支持比特币支付的咖啡店和各种小店。

　　与硬币不同，比特币并不是铸造的，也不是由银行发行的，而是一种电子货币。人们通过类似 Tor 的用户程序进入比特币网站，这个网站为全世界的比特币用户建立联系，并且用户通过电脑的运算参与产生新的钱币。通过数字信号进行交易，所有记录则存储在数据库中。技术上要取回钱币，就像你对银行说要把某种货币兑换回来，在这里是不允许的。数字货币被认为百分之百防伪，可以在不同的网上购物网站上兑换。用安全密码可以支出和交易比特币，如果忘记密码或者密码被盗，那就不能再使用货币。对于整个流通，总是有可支取的比特币。这种数字货币也可以用于 NGO 捐赠，NGO 接受比特币。同样，也可在其他利益集团和机构，如混沌计算机俱乐部或者维基解密（WikiLeaks）平台上使用。相对于经常发生巨大波动的兑换汇率，货币量是有限制的，以免产生严重的通货膨胀：最大量可以投入 2 100 万比特币。

尽管认为比特币是绝对匿名的人越来越少，但货币批评家指责说，比特币为违法交易提供了便利。计算机专家克里斯蒂安·巴尔斯（Christian Bahls）认为："比特币当然不是完全匿名的。所有交易信息储存在分散的记录中，而记录是公开的，所有人都能看到记录。除此以外，要以真实账户中的真实货币兑换比特币，因此比特币不可能完全匿名。"

还有一些不仅想隐匿真名，还想拥有伪造身份的人也会活跃在 Hidden Wiki 网页中。伪造美国或者英国公民身份，这里也有各种报价，许多人认为，只需要向伪造证件的人提供很少的信息，这种伪造证件根本不会有问题。从网络运营方了解，这里能伪造的内容十分丰富，从驾照到出生证明。然而，当站在美国机场接受安检时，我们知道大概会经历的流程。如果知道自己是带着从不认识的人那里搞来的伪造证件，那么这时需经历的程序会不会不同？虽然对方一再保证一切"万无一失"，也许他能够确保事情顺利，因为这其中也许包括他的"职业秘密"。"我们做出的证件和原版的没有差别。"某些网站上这样保证其服务。你也许还要考虑到，最后在严厉的美国海关官员盯着你的眼睛看了许久之后，你已经开始流汗，而他这时拍了拍穿着黑色制服的同事的肩膀，两人相视一笑。而这些细节都不能给我任何安慰。

网站里的报价从 200 美元（美国驾照）到 1 万美元（包括出生证明、护照等所有材料和证件）。一本英国护照的价格大约为 2 500 英镑。大多数造假者都大胆地为自己做广告："没有比我做得更好的。"他们这样写道："只有最好的品质。"以及"你知道买伪造的证件是件冒险的事情，那为什么不信赖更好的品质！就是选择我们，请相信在这里一切都物有所值。"

浏览器上方慢慢打开了一个绿色板块，上面写着：各类电脑游戏，欢迎来到 Tor 游戏库（Game Depot）。据网站自称："这是 Tor 网最好的游戏商店。"例如配 4 种游戏的 X-Box One 卖 299 美元，配 2 种游戏的 Playstation 4 卖 199 美元！这两款正常的标配分别要 499 欧元，并且由于供不应求根本买不到。一般在店里卖 50 到 70 欧元的最新游戏，在 Tor 游戏库只要 25 美元。"需要任何最新的游戏都可以随时向我们咨询。"卖家这样补充道。除此以外，这里的网页几乎毫无例外都经过精心设计，页面都很精致、漂亮。DHL 作为"可靠的"寄送合作伙伴，一般寄送需要 1 到 2 周时间。这些游戏里有些是盗版，或者通过第三者以匿名支付形式买来的，这样，价格之所以那么低廉就没那么惊奇了。

Onion 身份服务网页示例：

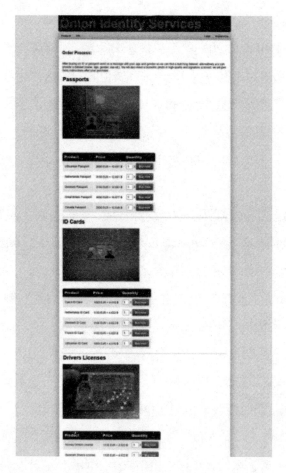

武器价格虽不优惠，但是有更多选择。这里的武器商店有 EuroGuns，Executive Outcomes，UK Guns and Ammo Store。与 Executive Outcomes 相反，另外两个更像是冷冰冰的博客。Executive Outcomes 则不同，这是一个带有"马头"Logo 的设计精致的网页，看起来像一个普通的武器店铺，它有 Tor 网登录口。网站介绍这样写道："所有货品都保证正规、无损并且真实。"但是为什么开在 Tor 网？稍微谷歌一下可以发现，没有以该名称注册的普通商店或者公司在出售武器。而

Executive Outcomes 是一家私营安全公司的名字，1989—1998 年在南非经营，而且这家公司也有同样的"马头"Logo。

从经营服务来看，这里的商店严肃地表示：支持退款，并且有安全的支付过程。但尽管如此，还是需要预付。商品是包邮的，不需要支付运费。

据网站说明，EuroGuns 从荷兰和德国发货——"百分之百"保证欧盟范围内的寄送。货品中有沙漠之鹰（Desert Eagle），一种具有强穿透力和不同口径的手枪，售价 1 250 欧元，子弹（50 枚）45 欧元，免邮费。这里都是全新的武器，绝对不是有犯罪记录而企图销毁作案痕迹的武器。这里当然也有大型武器，例如大毒蛇 M4 Patrolman，一种半自动步枪。根据生产商信息，这种步枪"适用于要求枪身轻且有足够爆破力的情况"，生产商并没有明确说明具体使用环境。在我访问网站期间，Tor 网上这种武器的价格是 1 769 美元（1 300 欧元），与正规交易相比贵 756 欧元。这里我想稍微说明一下，如果确定在美国可以买到各种枪支，从狙击枪到卡拉什尼科夫冲锋枪，这样的价格差会令人犹豫不决，因为在美国甚至能淘到真正的便宜货：AK-47 冲锋枪，在全世界销售和使用最多的武器，邮寄价格 500 欧元左右，还不到苹果 Macbook 售价的一半。

为了能够更好地评估这些商品，我把搜索的信息整理给汉斯·朔尔岑（Hans Scholzen）博士看，他是德国体育保护协会 VDS 主席，请他来评判。"我不认识其他也带有同样马头标志的公司，像手枪这类短射程武器到处都能买卖。"他说，"目前这些数据对我来说还不足以感到惊讶。"

除了长型和短型武器的区别，还会根据功能区分枪支武器："全自动武器，即带有全自动设计模式，在德国属于战争武器控制条例控制范围。"而且这类武器的出口、进口，以及持有和佩带（在公共场所）都是严格禁止的。在德国凡持有尖形武器都必须申请和注册狩猎证书或者武器持有证书，即无论如何不允许随便拥有武器。根据上述条例，在Tor网匿名预订武器是要受惩罚的并且还有可能存在被骗的风险。对于价格方面，专家认为Tor上面的武器偏贵，但标价中含一部分邮费，毕竟邮费总是要占一部分成本。

Executive Outcomes 网页示例：

由于疏忽，我关闭了所有选项。窗口转眼间都消失了。然而我确定我并没有把所有网页截屏，用于文件保存。我又点击了阅读标志，并没有发生变化。

"页面加载错误。"

为什么不能加载请求，刚刚不是还可以打开吗？除了每10分钟更新和变化IP以外，还会出现电子邮箱网页用户退出，打开的网页偶尔会在某一秒毫无痕迹地消失，而且再也找不回来了。

　　我：怎么能找到靠谱的毒品店？

　　用户：兄弟，直到前不久，这事儿还很容易。直接去"丝绸之路"，随便搜一下谁有好东西，就可以搞定。但自从里面有了 FBI 和新的 SR，我认为就没有什么可信赖的人了。你去搜索，就算再努力，你的搜索也没有任何回应。基本很难找到专业的卖家。

　　当有新的网页加入或者有网页突然下线，Hidden Wiki 和它的链接都会不停地更新。这种情况经常发生，但不是所有下线的网页都是非法网页和被调查局关闭。有些就是自己放弃经营了而已。自从官方在深网进行搜捕，许多违法卖家都撤离了，进入可见网络，或者其他地方，或者干脆消失了。如果有网页消失，在这个电话簿里它会被删除或者被标上"下线（down）"——后面标注网页下线的日期和时间。总有这样的情况出现，你正在网页上，刚刚找到些有趣的东西，下一秒网页就彻底消失了。

　　这就像爱丽丝确定今天没法走出林立的路牌时，坐在石头上失望地号啕大哭。因为天色已经完全暗了，在红色箭头消失之前，拖把头狗轻轻地拨开前方的路，而我们身后已有第一批喇叭鹤端坐在了树枝上。

兑德尔达姆和兑德尔迪
两位讲述者、两段讲述：黑客和调查局

"汤姆，这个网站纯粹就是一个战场，这点你是了解的。"我在讲着电话，并希望我的手机这时也能有根电话线，能让我用手指气愤地缠绕着，"你不能干脆建议我说：我们要不要尝试在网站雇用个杀手。你知道，几乎每次我都要向采访对象解释这个有倾向性的题目：互联网的暗网！"

沉默。

我和汤姆谈了足足 15 分钟，试图说服他。"你太中立了，"他总是这样评价我的想法，"给自己一个立场！"

"汤姆。坦白讲，我不想雇用杀手，我也不打算买 K 粉。我只是想写写发生了什么。这样为什么不可以？"我回应道，并尝试靠肩膀夹住手机给自己煮杯咖啡。而过滤纸却怎么也摆不进位置，该死的咖啡机。我花了 100 欧元买它，而它却像个几十块钱的便宜货一样不好用。

"你必须表明自己的身份。"他说。

"然后呢？从你的话中我还听出了其他内容。"我继续问。

"嗯。"汤姆小声自语。

"说吧。"我要求他继续说。

"没有选择。我们需要这个选题！"

"该死。4 个月的时间已过大半，你又在逼迫我。"

"我该说什么呢。"汤姆同情地说。他说得确实有道理。

我望着窗户，自我同情了一下子。交稿之前的这几周是煎熬的。我又望向窗子外面：显然我的邻居又决定在周一早上重新钉他那该死的阳台。恼人的锤子声音。我用力把过滤纸按到咖啡机的过滤槽里，我开始想念我的女朋友。过不多久这机器就该彻底坏掉了吧。

"不过我宁愿找有声望的采访对象，他们不会直接当面回绝我，汤姆，"我小心地尝试说服他，"你看我在联邦州犯罪调查局咨询，也与黑客和混沌计算机俱乐部重要的活跃人物交流。如果我通过互联网联络到约翰·韦恩（John Wayne）或者查克·诺里斯（Chuck Norris），那他们总能给我爆点料，这样书不是更容易做吗？"很快我就想到了结果，如果汤姆说："好吧，如果这样，我的朋友，我们的书就没法继续下去。"

但是他并没有那么说，他叹了口气："就按照你想的做吧。"

我靠在厨台上，突然感到背上有点湿湿的感觉。咖啡从壶里溢了出来，流过整个柜面，淌到了地上。过滤槽和过滤器根本没有锁紧。"该死！"我大喊。

"发生了什么？"汤姆在电话那头问道，声音听起来像一位关切的父亲。

"没事，我的咖啡机坏了。我没法写你的书了。"我回答说。

"给这本书起个什么名字？"

"汤姆，写点别的吧，我是认真的。爱丽丝或者什么。或者亨利·基辛格的人生回忆录。我实在没有能力做下去了。"

"好吧，那就争取把你搜索到的信息整理汇总一下，好吗？以便我们夏天还可以坐在一起聊聊。"汤姆说。

"好。"我回答，随后挂掉电话。

我还有将近 4 周时间。我把咖啡倒入杯中，一滴都不剩，让每一滴都至少还有点温度。随后我把咖啡壶、滤槽、用过的杯子等全部放到洗碗机中，按下启动按钮。但那个问题一直萦绕在我脑海中：我进行到什么程度了。

到目前为止，我没有任何进展。信息量太大了，来自持不同利益的各类人。事实上并不是我没有做足准备。我的主线有两个基本问题：第一个，对于隐藏服务器中体现的犯罪行为，对于通过"丝绸之路"出售的毒品量以及鉴于联邦犯罪调查局的预测，深网是未来最大的挑战——这对于整个社会有多大危害呢？第二个，匿名工具的存在是无可争辩的，为什么积极分子、记者和其他人表示赞成这种现象，其中一定有无可非议的理由。理由是什么以及在哪里能找到那些人，例如那些使用深网用于保护私密、商业秘密的人，或者抗议独裁统治的人？

我没有找到与持不同意见者联系的机会，但这并不代表没有机会。不过，如果我被政府跟踪了，与给媒体写长篇的采访来描述我是如何被跟踪的相比，我可以有更好的选择。

记者："您使用 Tor 网吗？"

持不同意见者："是的。"

记者："您在多大程度上被追踪？"

持不同意见者："基本是很大程度。"

尽管我没有找到这样的人，但有一个名字还是对那些看到这一技术应用潜力的人很有启发性——爱德华·斯诺登（Edward Snowden），前情报局雇员，2013 年夏天曾就美国国家安全局（NSA）问题涉及泄密。他因此受到美国政府彻底的指控。

我询问混沌计算机俱乐部，希望他们能帮帮我这个满头雾水的新手，然而询问只是白费力气。在我提问的几天后，问及最大黑客组织是否收到那封邮件，我得到的答复是提问被拒绝。该死。这一切使我非常气馁，仅仅在于他们不愿意帮助一个门外汉。斯诺登和泄密事件肯定会有大量的媒体提问，然而，我的第一次尝试却没有任何结果。如果汤姆知道这样，他会感到反胃。

我的第二次尝试，即证实确实有人使用 Tor 网，在约翰·戈茨（John Goetz）那里成功了。他拥有美国国籍，从 1989 年起生活在柏林，他是一位有能力的记者，他采访的重点对象是情报局或者安全局。他也是 2013 年陪绿党议员汉斯 - 克里斯蒂安·施特罗伯勒（Hans-Christian Ströbele）去莫斯科见爱德华·斯诺登的记者。出于事件的完整性，还需提到《明镜周刊》前主编乔治·马斯科洛（Georg Mascolo）也是同行的一员。

如果有人了解 Tor 网对于泄密者和记者来说的重要性，那这个人就是戈茨。因此我通过在柏林的 ARD（德国电视一台）总部写信给他。之后呢？再一次没有音信。我继续等。

又过了两三天，我收到一个令我喜出望外的消息："您可以给我打电话。"戈茨回复我并附上了他的办公室电话号码。随后我们在电话中短暂交谈，我解释了我现在手头正在做的这件事——我为什么要向他求助。

我：戈茨先生，您使用 Tor 网吗？

戈茨：我每天都要用。

我：您觉得我们见个面，我当面采访您可以吗？关于记者如何使用这个网络。

戈茨：（思考之后）原则上说我对采访很感兴趣，但是我想先了解您做这件事的初衷，也就是您受哪里委托做这件事。

我：（我想起汤姆曾问过我"你的立场是？"）这完全没问题。我会向您解释事情原委。不过您为什么一定要知道我的立场？

戈茨：因为这不是一个简单的话题。

他大概意思就是说：我与许多业内人士保持有联系，我本人也享有社会威望，我不想我说的话连同我的名字出现在有可能摧毁 Tor 网的文章或者书籍中。在某种程度上，他的考虑是可以理解的。尽管我总在想我们的工作实际上很难有明确的立场，我还是坦诚地告诉他，同样作为记者，我更倾向与他站在同一边。为了消除彼此之间的芥蒂，我给他看了已经公开的部分内容，以便他愿意参与进来。

最后他表示，他能设想这将会是本怎样的书，并请我给他一些时间考虑，还让我把邮箱地址和委托合同以及大致内容发给他。他想进一步求得一些人的证实。我们的交谈就这样结束了。到今天早上为止，戈茨没有了任何消息。

我给他写邮件，打电话，他都说稍后立即回复我。我还继续找时间联络他，因为我并没有等到他肯定的回复。每次他都以搪塞的方式回应我，最后我决定不再打扰，以免使他感到过分的压力。他为什么以及怎么利用深网搜索信息，我无从得知，但至少他向我证实他确实会使用深网。

和戈茨的交谈使我认识到深网和 Tor 网的解释权是有争议的。那里是个战场，因为由爱德华·斯诺登引发的关于网络信息和公民权的争论，在微观程度上转移到了 Tor 网上。就情报局对数据保护和个人私密不可告人的侵犯该承担什么样的责任，以及侦查机构和情报局本身试图使自身的行动合理化，或者情报局试图为自己开脱责任，在技术上足够了解这一网络的人要求机构做出真正的解释。这里涉及的是技术精英和对其施压者之间的斗争。截至目前，普通网络中的普通用户也在继续经历这样的斗争。

当我渐渐理解这其中的关系，我就明白为什么约翰·戈茨不想泄露Tor 网的真实情况。为什么各官方机构都害怕因自己的言语而吃亏。一切突然都讲得通了。没有人愿意在斗争中落败或者无意泄密，并因此被对方打垮。

我突然明白为什么几乎没人与我对话：目前的形式太紧张了，紧张到人们不愿意和不了解的陌生人谈及这个话题。也正因如此，所有人都想知道我到底进展到什么程度。

我感到震惊。这只来自奥夫堡出版社的兔子塞给我的不是件实实在在、困难至极的事情，而是扔给了我一颗炸弹。就像你在跳舞时往一个你讨厌的人背上贴了一张僵尸符，就是想看看他如何出丑。

突然，这一切不仅仅是关乎你能否轻松写出来一本关于一点色情和毒品的书。现在这是个政治事件，是蜂箱中间的那根刺。对于了解事情的人来说，其优势是显而易见的：他们知道能做什么和禁止做什么。他们熟悉所有出现的问题并且会说暗语。而我就像爱丽丝一样，单纯地掉了进来——对一切一无所知。在令人沮丧的事实面前，我内心传出一个声音：“去他们的吧，不干了算了，你根本不需要去做这事儿！”不，我想我要做下去。

我感觉自己像爱丽丝，吃了那块让自己变小的饼干。突然她再也够不到桌子上的钥匙，那把钥匙能打开兔子刚跑进去的那扇带一只大鼻子的门。

我在想我要做什么，接下来会发生什么？我只有一个机会：去了解这个 Tor 网有多么“危险”，以及那里进行的犯罪行为有多么严重。

我向联邦犯罪调查局求助。在那里我还是被敷衍了，或者称事件

"正在调查"而将我回绝。联邦犯罪调查局建议我到法兰克福最高检察院，说那里负责所有涉及国外服务器或者相似情况的案件。而最高检察院对我的问题的回应也是"正在调查"。在吉森网络犯罪中心我也没碰到好运气。但至少有人简单地和我交谈，而交谈是为了告诉我：没有直接与 Tor 网有关的犯罪行为的统计。他们也无法给我提供进一步的帮助。我打算再向下查一级，作为最后的尝试。我向萨克森州犯罪调查局求助。我以个人身份给几个人写了邮件。

如果没有人回应，我认为这本书也就夭折了。汤姆和我会相约在柏林的文化墓地，把它埋葬在那里。汤姆则会念念有词说这会是一本好书，无论如何这是个好的想法。我则会说这才是这本书更好的归宿。汤姆还会递给我一份违约合同，我要把薪酬退还回去并解约房屋合同，他还会表达他对此感到遗憾。然后我们去小酒馆畅饮一番，之后就会彼此告别。

等待并不是我的强项。我无聊地向垃圾桶里投纸团，瞄准纸篓，但没投进。

我本人认识几个"业内"的人。他们多是幕后工作者，如果可以这么来描述的话——业余软件写手、信息工程师、媒体教育家，都不是什么名人。他们都劝告我说："不要再继续调查这个话题了。"他们也许会回复。或者，如果没有回复，那就干脆别做了。我会感到遗憾，因为我认为这个话题很重要，并且它对我越来越重要。

我把地上的纸团拾起来，重新再投，投 10 次中 1 次，令人痛苦的命中率。也许我需要一个塑料质地的篮球筐，如果投中，总会发出类似球迷们欢呼的声音。或者像篮筐上方能发声的倒计时钟表。

必须要说的是：黑客和电脑屏幕背后的那些人并不都不友好。有人多少有些高傲或者还有些人持各种看法。但他们之间都表现得友好。

高傲或严肃是因为总要给那些门外汉解释基本的技术问题，这确实很恼人。很明显，黑客一致认为，记者根本一点都不懂"技术"。除了约翰·戈茨，他是位非常懂网络的记者。黑客用"谨慎且机智""目标正直且可信赖的人"来描述他。戈茨一定一开始就先学习了专业知识。因为不这么做的人，很快就会被挤出圈子，不被严肃对待也是不足为奇的。

斯诺登事件表现出：黑客是新一代的精英，是技术先锋，他们掌握着专业知识，这种知识是在"过度监控"时代不与他人分享的。他们通过这类知识，能更好地预见可能发生什么和什么不会发生，政府为隐蔽的监控采取了哪些措施，以及在技术上达不到什么程度，或者哪些技术过于显眼或花费过大。黑客向我们发出警告。他们经常发出警告，不仅仅在混沌计算机俱乐部聚会上。黑客不容易得到理解，因此他们不适合做脱口秀，因为大部分非黑客不知道黑客在说什么或者该问他们些什么。当被要求简要作答和讲讲恐怖事件时，黑客也会无奈地摇着头望着记者。这会让黑客们感觉很糟糕，因为他们通常具有高智商且不擅长简短介绍。不过黑客也需要记者。计算机专家了解泄密事件的基础设施，而记者知道如何传播信息。两者是可以共存的，如格林沃德—斯诺登—柏翠丝之间建立的关系。黑客掌握有用的技术，虽然人们经常不理解他们，但事实就是如此，他们是技术精英，他们能够告诉我们接下来会发生什么或者我们的处境如何。

黑客，尤其是有趣的业余写手，他们就像你周六中午在自己动手（DIY）市场遇到的人，他们不是顾客，而是举着名牌提供专业支持的人。虽然黑客总是闷闷不乐，无知很容易惹恼他们，但他们总是乐于提供帮助——当一件事你自己搞了很久或者干脆对这件事就不太灵通，但你有极大的兴趣时。这里解释一下如何与黑客打交道——不是对所有黑客都适用，但很多时候都是这样：某个周六的中午，一个门外汉带着个

朱利安·阿桑奇（Julian Assange）

问题来到人满为患的 DIY 市场。突然出现了一个人（黑客），有人向他提了个问题。接着这个人微微一笑，并说"一切都很简单"。然后你只要这样或者这样做就好了，虽然通常也可以那样或者那样做，如果你了解这个和那个软件，但大多数时候那样都不是很好，所以最好换种方法——不过，那样花费会较高。

朱利安·阿桑奇曾说过，要小心黑客这个词。因为，如今黑客与过去最初的时候不同，他们不再那么积极。不过人们常讲，总会有黑猫、白猫和灰猫之分。

白猫是有道德感、职业道德概念和知道什么是"好"和"善"的那些黑客。例如他们会关注公共利益，披露安全漏洞。从纯粹的设想上，朱利安·阿桑奇和维基解密也许是出于白猫的想法。

黑猫是"坏人"，是星球大战中的达斯·维德（Darth Vader）这类人。当然，有白就有黑，事事总有黑白之分，但每个定义都以区别开始。黑猫就类似于网络恐怖主义分子。他们破坏了秩序，以个人利益行事，破坏和盗用客户的信用卡信息。

另外还有灰猫。网上的一些人说，灰猫也许是所有黑客中最好的。

他们对斗争双方都是坦诚的。他们要看问题是什么，或者谁为哪些事情付出代价，或者他们就是因为乐于经历有挑战的事情：因为灰猫总是出于兴趣来接受挑战。

事实是，既存在具有道德感的黑客，又有完全不讲道德的黑客。对于各国政府，黑客是潜在的威胁。他们与 IT 安全专家和某些公司的咨询人员一同构成了数字和技术精英人群。

黑客重视身份的匿名性，也就是说所有黑客都用 Tor 网。许多黑客也通过其他途径——那些比普通匿名网站要快的途径。但不论用何途径，原则是一致的：黑客捍卫匿名原则——因为他们肯定匿名性的好处（白猫所持观点），或者（黑猫则认为）这有利于他们在网上的各种活动。

Tor 网反映了数据保护者和安全局之间的斗争。一方面，匿名性可用于掩饰犯罪行为，这是侦查机构面对的难题；另一方面，保持匿名也是基本的公民权利。Tor 网像罗宾汉（Robin Hood）小说中的舍伍德森林（Sherwood Forest），是罪犯、自由捍卫者、间谍和正派者的停留地。问题是森林中藏满罪犯，而其中只有一个人会对社会做出积极改变。如果我们推倒整片森林，要付出什么代价？

我认为，整件事情要从两方面看，我再次把纸团拾起来。天色已近傍晚，在昏暗的灯光下，我一个纸团都没有投中。

还是爱丽丝中的场景，双胞胎兄弟兑德尔达姆和兑德尔迪，这对胖胖的双胞胎陪着爱丽丝一起穿过越来越昏暗的森林，一路上两人都想讲述一个故事。爱丽丝没有时间听，因为她要找回家的路。但是兄弟俩坚持把爱丽丝拉到一段树墩上，让她坐到上面。"好，"兑德尔达姆说，他把弟弟拉到一边，"我们来听海象和木匠的故事。"

"嗯。"

　　这会儿，我就像爱丽丝，找到两边都要讲同一个故事的人。"我要讲的很重要。"一边在说；"我的也很重要！"另一边在讲。他们相互指责，不断说谎或者表现得很无知。在兑德尔达姆和兑德尔迪彼此争吵时，爱丽丝突然站起来，悄悄走掉。她在想，回家的路不会自己出现。

海象和木匠 [①]
FBI 的重要行动

我仍然在等待，希望能撞上一组"丝绸之路"的邀请密码。在这期间，我只能利用时间与 Tor 网里的其他卖家取得联系。为此，我还需要技术支持，因为在这里最好不要使用带有个人信息的邮箱。每发出一封邮件都会一并发送大量信息，甚至从邮件标题也能破解出一些发件人信息。即便在 Tor 网中，也可能快速识破你的身份。我不想在这本书出版上市后被枪杀。虽然事件会像肯尼迪遇害一样轰动整个媒体，但我也不愿落此下场。

我给几位朋友写信，他们都是信息工程师。同时我也求助于技术专家：我该如何写和发送邮件是安全的，无论在 Tor 网还是其他地方？我还在想，要不要把咖啡机送回商场，要求换货。就在我心不在焉地打开"丝绸之路"论坛的这个早上，我突然发现页面和以往完全不一样，屏幕上有三组数字：

"嗨，伙计，想告诉你：这里几组密码可供使用。先到先得。"

---

① 标题"海象和木匠"来自卡罗尔的另一本小说《爱丽丝镜中奇遇记》第四章中一首长诗的诗名。——编者注

我心慌慌，飞快地复制了第一组数字，用它注册。不行，密码已被使用。随后我试第二组，还是不行，密码已被使用。最后第三组，成功了！完成注册！我进入了"丝绸之路"网页。简直不敢相信。

打开的网页显示：左上角有一只骆驼，上面有骑骆驼的人。右上角是我的购物车。中间是搜索栏。

尽管"丝绸之路"被 FBI 封掉，但 4 周之后它又回来了。网站上也写着"我们又回来了""更好、更快，去他的 FBI"。他们看起来极其自信，完全能在技术上对抗联邦警察。但又能随时发现他们隐藏在所表现的自信面具背后的不安。"我们又恢复网站建设了"，网站管理员在"丝绸之路"网页的前言中写道。然而，此时"丝绸之路"的管理员已被关在美国监狱里许久。

很久以来，Tor 网被认为是安全的。技术程序像过去一样稳定，但由于"丝绸之路"这样的网站和 Freedom Hosting 这样的托管服务器，导致所有用户处于犯罪侦查局的特别监视下，这就是为什么没人愿意坦诚地讲话——有太多的关注，尤其是来自媒体的关注，这对生意没什么好处。

位于纽约的 FBI 办公室正在克里斯托弗·塔贝尔（Christopher Tarbell），在这位曾夸下海口的 FBI 网络犯罪部探员的领导下展开"马可波罗"行动，据说他参与过黑客组织领袖赫克特·沙维尔·蒙赛格（Hector Xavier Monsegur，网名 Sabu）的侦破和逮捕行动。首先只是调查住在或者邮寄地址显示为纽约南部的"丝绸之路"买家的交送货。据调查员讲：送到实验室检测的毒品中有摇头丸、海洛因、LSD 和可卡因，结果现实所有毒品都具有"高浓度和高纯度"。依据送货链可确定：货物经过十几个国家，最终送到客户以及转售人手上。据 FBI 称，丝绸之路目前有近 100 万注册用户。然而据官方讲，

有可能存在复合账号。"因此，从这一数字出发，预计有 10 万人访问

过丝绸之路。"

　　丝绸之路网页示例：

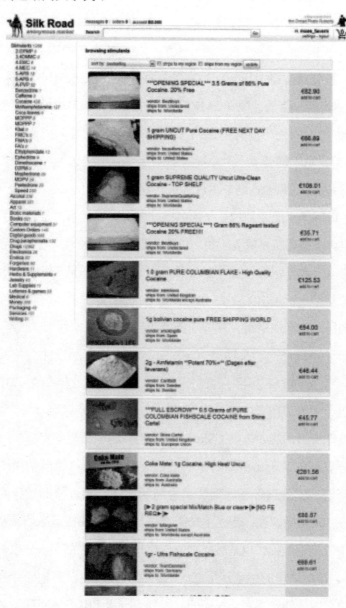

上千种各样的毒品使我震惊，许多我根本不认识。难以相信的各种各样的大麻、印度大麻、LSD、安非他明、可卡因和霹雳可卡因，如致怒类（Heuler）和致笑类（Lacher）、兴奋类（Upper）和降兴类（Downer）。无论你想达到哪种状态，都有适合你的东西——兴奋类药物或者降兴奋类，助兴的或者降兴的。另外还有各类烟斗和辅助工具。网站上也会卖推特（Twitter）关注者或者脸书好友，还有偷来的硬盘和购物账号、色情读物（只是些普通的类型）和其他各种读物，像《十种你在深网上还没有见过的东西》（我也不想看）和《戒烟的漫漫长路》（我也不需要）。

这些网上商品都配有图片和简短的文字介绍，并且有交流功能，买家可以向卖家或者针对某条评论提问题。网站运营方会针对图片提示卖家，许多数码相机或者手机可能会泄露图片拍摄地信息。商品的价格通常没有太大差距——要看你在哪里买，在黑市还是市面上。每克草在"丝绸之路"上的售价在 6~10 欧元。有些则会贵点，可能因为卖家在里面加了风险附加费用。有些则会更便宜。

除了可选择的毒品种类之多以外，这里的商品没什么令人特别惊奇的。有个"丝绸之路"的仿造网站，在"丝绸之路"被 FBI 封闭的四周里，发现了自己的商机：网站叫作 Roadsilk，有四个用户的平台；还有其他卖家，例如羊市（Sheep）或者各类黑市。

据我所知，羊市目前是下线的状态。管理员打算携带用户的全部钱财潜逃。这就破坏了这类买卖急需的信任。不过前提是我的消息属实。在 Tor 网中，人们永远不知道哪些是谣言，哪些是真相。所有这些网站中最不可侵犯，也是最成功的，就是"丝绸之路"——也被人们称作 SR。曾经那里的生意还是红火的，买卖过程还没有神经兮兮的监视者，可以说是能做到完全秘密的，直到有一天 FBI 介入进来。

在这里快速、简要地介绍一下这个平台的故事。事情开始于 2012 年 2 月（第一笔订单）到 6 月（据 FBI 称，"丝绸之路"论坛建立）之间。网站首先在 Tor 网上发布了第一批公告，发到其他网站内的消息也可追溯到这一时期。网站运营者叫作恐怖海盗罗伯茨（Dread Pirate Roberts）——在"丝绸之路"论坛上被叫作 DPR。根据 FBI 调查，运营者恐怖海盗罗伯茨在现实生活中的真名为罗斯·威廉·乌尔布莱特（Ross William Ulbricht）。相关的事实参见由 Tor 论坛发到普通网站 (Clear Net) 的链接，只要点击链接进入，很容易找到全部内容。

2013 年 10 月逮捕他时，乌尔布莱特年仅 29 岁，具有物理学本科学历，而实际显示，他于 2006—2010 年在宾夕法尼亚大学攻读材料及工程学专业。

在被捕前不久接受《福布斯》杂志的采访中，恐怖海盗罗伯茨对是谁想到创立"丝绸之路"网站这个问题的回答是："不是由我开始的，在我之前还有一个人。"

FBI 探员以及一些媒体也从这个回答出发认为，乌尔布莱特是从另一位网络开发者那里接手"丝绸之路"的。对于在他给开发者指出系统中的一个缺陷之后，是出资买下网站，还是以其他方式获得，并没有相关解释。恐怖海盗罗伯茨在采访中进一步解释："最初的想法是建立一个匿名的市场，一个将 Tor 技术与比特币相结合的平台。"在网站前开发者将拼图组块，也就是将已经存在的 Tor 网和比特币结合起来之后，恐怖海盗罗伯茨从他那里接手了网站，并进一步完善网站。"在比特币方面有个问题。"他告诉《福布斯》杂志——问题涉及数字货币管理方，也就是虚拟比特币交易所，叫作 Wallets 的网站。收入的钱要先存在那里，以便能够继续兑换。

如果你通篇浏览"丝绸之路"论坛，很快就能找到恐怖海盗罗伯茨和用他的账号发的消息。《福布斯》杂志问道，这些工作是不是都由他本人来做。"我能做出的回答是，"在恐怖海盗罗伯茨与杂志聊了 5 个小时的采访中，他如是说，"我不是'丝绸之路'的第一个和唯一的管理员。我是最终决策者。但我们是一个团队，其中也包括我们的网站用户。"

控诉文件详细地记录了乌尔布莱特是如何陷入探员布下的网——在 Tor 网中他曾是安全的，尽管如此，还是有不同的邮件最终能够泄露他的踪迹。用他的谷歌邮箱地址发出的邮件，以及其他论坛中以他的名字发出的消息，那还是网站建成的最初阶段。在他沉浸在新平台发布的喜悦中时，正是这些消息在日后出卖了他。

在《福布斯》杂志的采访中，乌尔布莱特解释说自己喜欢运用经济模型。"为了更好地理解周围的世界，我选择学习物理并花了 5 年时间从事物理研究。"他时不时地发表一些文章，不过现在他的目标发生了改变。正如开始"丝绸之路"的"尝试"。

乌尔布莱特的想法是建立一个封闭的系统，不存在任何形式的强制力的系统。强制力在这里指的是像情报局、警察局这样的官方机构，也如权威精英这种形式的强制力。"我想帮助那些参与这个经济试验的人实现一手的经验，即怎样运行一个没有强制力的、没有胁迫和侵犯的系统。我正在建立的是一种经济生活新形态，给人们最直接体验的美好世界。"他这样写道。这最终奠定了论坛的基础，论坛最初由乌尔布莱特个人以他的名字建立，为了能推广这个论坛，同时他也留下了自己的邮箱：rossulbricht@gmail.com。

在一些较大的 Tor 版面上，也能找到蛛丝马迹，像乌尔布莱特试图用邮件引起别人的注意。他试图表达自己，也是出于偶然发现了"丝绸之路"这个网站。

除了他个人的评价和消息发布，一次登录程序编辑网页

Stackoverflow 的记录帮助 FBI 探员发现了重要线索：乌尔布莱特用昵称 altoid 提问，怎么把网页嵌入 Tor 网，他明确提出"丝绸之路"基础设施，并在最后留下自己的谷歌邮箱，以便收到问题的回复。对于 FBI，这自然将用户 altoid 与乌尔布莱特联系起来。

就在这条登录发生之后不久，乌尔布莱特明显发觉事情可能产生的影响和他的行为有可能产生的后果：他迅速开始删除所有信息或者通过假的信息来替代之前的真实信息。他把 altoid 这个用户名换掉，并用 frosty 替代，同时把邮箱地址全部重新填写。

大概从 2012 年 2 月到 6 月，来自曼哈顿的一个美国八卦星星博客 (Gossip-und-Sternchen-Blog) 得到消息，并报道了"丝绸之路"——Gawker 网站。从此，在媒体上产生了关于最大的深网平台的各种夸张报道。没有记者能够解释其中的故事：暗网、毒品、交易。这些报道导致对网站关注的增多，同时也带来更多网站访客——最终引起了官方的关注。"丝绸之路"这个隐藏在网络中的网站突然成了流行话题；同时，隐藏网络本身也随之受到关注。但没人会为这种关注感到高兴。

德国的媒体也活跃起来，想知道这个毒品网站到底是什么样子。2013 年 10 月，FBI 逮捕了网络管理员，到处都在报道此事。如果问到用户——无论是不是"丝绸之路"用户，得到的回答都是一样的：Tor 网因为"丝绸之路"的报道而遭受形象上的破坏。从那一刻开始，隐藏网络就代表了毫无控制的极端的毒品交易。如果"丝绸之路"的用户谈及此事，也很容易听得出来他们本身对此也很了解。他们在第一轮媒体发问时就警告"丝绸之路"受到过多关注会有什么后果。一些用户指责恐怖海盗罗伯茨，也就是乌尔布莱特与媒体有太多的接触和亮相，以及在其中把自己塑造成这样的形象：是一个幕后天才，向所有官方竖中指。这是和约瑟夫·科伦坡（Joseph "Joe" Colombo）相似的故事，他是意大利裔美国人，在 20 世纪 70 年代以科萨·诺斯特拉（Cosa Nostra）教父身份在纽约成立了意大利美国公民权利联合会（Italien-American Civil Rights League），目的是将人们的注意力从他的生意上转开，并且借助媒体以挑衅 FBI——这其实都是一样的故事：媒体的关注和自我感觉良好的自负带来的往往是不幸的结局。在乌尔布莱特身上也验证了同样的道理。

2012 年底，大概是 11 月，FBI 就开始大规模布网，进行彻底的侦查：上百个卖家和订单受到监控，同时在网站上安插间谍。当然，通过 Tor 技术，间谍是完全匿名的。但毫无悬念的是：恐怖海盗罗伯茨将会犯下大错，随便什么样的错误。

"来'丝绸之路'买毒品，订单会直送到你家里。运营这样一个网站我感到骄傲并且毫无顾虑……因为让青少年意识毒品的责任不在于我们，而在于家长和老师。他们也对这些孩子是否某一天会去吸食毒品承担责任。"恐怖海盗罗伯茨在《福布斯》杂志的采访中说。

想成为"丝绸之路"的卖家（Vendor），需要交纳费用。如果得到至少 30 条客户的好评，这笔费用则会被退回。

除此以外，网站也从每笔交易上获益：也就是，每成交一笔生意都要向网站支付费用，费用高低由价格和总量决定。卖家卖得越多，向网站交纳的盈利费的比例越低。500 美元以下的订单，网站收取 8%；500 到 5 000 美元则收取 6%；销售总额在 1 万到 2 万美元则收取 4.5%。此外，"丝绸之路"禁止任何形式的武器交易（包括从刀具到炸药），和儿童色情相关商品交易或者人体器官交易。很明显，论坛的主要对象局限在毒品、小型赃物、计算机服务和药物类范围内。也许这是为了避免额外的担忧。网站经营的最主要业务就是毒品。

论坛里有许多分享给卖家的建议和主意，例如，如何避免问题和应该怎么发货：在打包货物时要戴一次性的手套，而且要戴两层。因为单层还是会留下指纹。此外，还要采用打印的地址，手写的字迹还是会被人猜测出卖家身份。建议使用银色包装并用纯酒精清洁包装，以便尽可能清除那些残留在包装膜上能追溯到是谁发送的物品的微粒。例如，无法逃脱搜寻犬的鼻子的细小颗粒。网上指南告诉卖家："如果可以，要尽可能快速用酒精清洁。注意，16 小时内不要连续发货 3 次。"

顺便说下发送的包裹：它们当然看上去要很专业，以便从外观上就不会引起怀疑。还有一个补充，偶尔可以在包裹外附上祝福卡片或者其他能取悦顾客的小东西。当然，一定不能有会透露卖家身份的信息。"丝绸之路"上的顾客对卖家的评价几乎都是好评。此外，要提示的是如何将货物送去邮局：这里，有经验的卖家也会记得戴上手套，否则包裹上依然会留下指纹，并且包裹会带着这指纹进入下一环节。选择邮局时，也要注意不要在同一天或者连着两天去同一个邮局，最好定期更换邮局或者选择周转邮寄。我拿起电话，拨了 DHL 的电话，不过没有打通。我想问是不是会检查或者怎么检查邮寄的物品是否为非法物品；也还想知道，集团会不会出于考虑相关信息可能被潜在的罪犯获悉而选择不愿公开；还是出于对寄件人或收件人的隐私保护，只有经过德国的包裹才在海关进行包裹检查；或者遇到可疑的包裹，要移交海关或者只是在现场抽样检查。

在"丝绸之路"支付，或多或少也存在问题：所有交易都以比特币进行，中间有信托机制——国际支付宝，英文叫作 Escrow，交易款存放在信托机制，直到买家收到货物，货款才会打给卖家——其中也要收取费用。信托将货款支付给卖家，这与 Paypal 网的方式相似。在这里，信托机构不是某个陌生的公司，而是可信赖的人，他们大多彼此相识，或者也做类似生意。

交易中的问题是，比特币的价值可能在几小时或者几天内发生剧烈变化，也就是说，在信托机制中，等待支付的钱可能在这段时间内贬值，或者升值。这意味着买卖双方中有一方会吃亏。为了避免这种情况，商品价格会先与美元汇率挂钩，这样保证价格不会发生太大变化。然后根据汇率变化，多退少补对应的比特币。

根据 FBI 数据，在 FBI 监控恐怖海盗罗伯茨的 2 年中，"丝绸之路"的销售额接近 12 亿美元。然而，由于比特币汇率的波动，这一数据并没有很强的说服力。首先，根据最大的比特币交易所 Mt. Gox 和 bitcoin.de 统计，在 2013 年，比特币爆炸性增值：从 2013 年初的大约 15 美元增至 2014 年初的 835 美元。因此，专家们没有以 FBI 给出的在逮捕 Roberts 时查封了很少一部分资产为参考，而是建议重新计算这种 2009 年开始在市面流通的新货币的价值。

伴随乌尔布莱特于 2013 年 10 月在圣弗朗西斯科被捕，审理过程正式开始。除了"秘密行动"（FBI）和隐藏网站中的毒品交易，人们还指责乌尔布莱特以恐怖海盗罗伯茨为网名的另一罪行并提起公诉：

2012 年 2 月，据 FBI 探员塔贝尔（Tarbell）的陈述文件，一位"丝路"用户"友好药剂师"（Friendly Chemist）在匿名聊天中，以威胁打算敲诈"丝绸之路"。他称自己手上有"一个 5 000 个真名用户和 24 个卖家的名单"。FBI 猜测，或许"友好药剂师"拥有管理员权限来盗取这些信息。如果这些信息被公开，"丝绸之路"便会关闭，信誉损失将无法挽回。乌尔布莱特深知这点，"友好药剂师"也清楚自己拿什么来做这个交易。

"友好药剂师"向乌尔布莱特索要 50 万美元，以交换名单——据说，他要用这笔钱还自己买毒品欠下的债务。为了让乌尔布莱特相信此事，他选了名单上的一些名字发给乌尔布莱特。2012 年 3 月 22 日，乌尔布莱特回应："好，告诉你的债主，让他们和我联系……"

没过几天，一个网名为 Redandwhite 的人出现了，他坚定地表明他就是那个债主，乌尔布莱特却根本不打算平息债务。他们的对话被 FBI 详细地记录下来，当时 FBI 明显已经掌握论坛的一举一动，因为交谈如果不通过论坛公共部分和平台自有的消息系统进行，就意味着"丝绸之路"中的卧底探员冒充了卖家或者顾客，或者已经控制了系统并完成匿名交流。探员对这些秘密对话调查到什么程度，并没有说明。

Redandwhite：我们就是"友好药剂师"的债主。你找我们有什么要谈的吗？

恐怖海盗罗伯茨：是这样的，我认为，我们都有要和"友好药剂师"解决的问题，我想和你们谈谈，想看看我们能不能找到什么对我们两边都好的解决办法。我听说你们有大量的货要出，如果你们没在"丝绸之路"卖过货，除了"友好药剂师"的事情，我们也可以做点生意。你们可以成为"丝路"卖家。

Redandwhite：如果你能让"友好药剂师"和我们见面并把债还上，我们一定能找出几个愿意在网上卖货的人。

一天后，恐怖海盗罗伯茨写信给 Redandwhite："在我看来，友好药剂师已经成为累赘。如果有人能做掉他，我完全没有意见。他和妻子及 3 个孩子住在加拿大不列颠哥伦比亚的 White Rock。如果还需要他的详细地址，请与我联系。"

在很长时间没有乌尔布莱特的消息之后，2012 年 3 月 29 日，"友好药剂师"与恐怖海盗罗伯茨联系——不知道他有什么打算。

"友好药剂师"：你让我别无选择。你有 72 小时用来筹钱。我也感到抱歉必须要这么做，但是我确实需要钱。不然我就公开名单。你想想吧，名单包括 5 000 个客户和 24 个卖家的姓名。你觉得这会造成什么结果？

没有回复。

几个小时后，乌尔布莱特悬赏要取"友好药剂师"的项上人头：

"你觉得要多少钱合适？"他问 Redandwhite，并继续说，"在我的立场上，我时刻感到被迫不得不这么做。让我的网站用户信任私密和匿名性是绝对必要的。这件事必须做得非常干净……如果你们明白。"

Redandwhite：15 万到 30 万美元。30 万是做得干净的价格，15 万，我就不敢保证日后不会有麻烦。

恐怖海盗罗伯茨：我无意冒犯，不过这个价对我来说似乎太高了。不久前我打听到的报价也就 8 万美元。这是你们能给出的最好价格吗？这事儿必须尽快解决。他说周一会公开名单。

FBI 探员在其调查报告中称，还有消息指出，乌尔布莱特可能还谋划了另一起谋杀，或者他已经委托人去做了。事情确实如此，还是乌尔布莱特在吹嘘，没人清楚。根据调查记录，两边最终达成 15 万美元的价格，这笔钱在同日通过比特币转账。

"钱已收到，"不久后，Redandwhite 写道，"我们现在知道他人在哪里，这就去解决他。我们再联络。"

大约 24 小时后，消息更新："你的问题已经解决。他再不会骚扰你，"Redandwhite 向乌尔布莱特汇报，"再也不会了。"

作为证据，Redandwhite 给乌尔布莱特发了一张尸体的照片，尸体旁边是一张写着一组数字的小纸条，密码是事前与客户协商一致的，为了排除可能的造假。

"多谢，"乌尔布莱特在 2012 年 4 月 5 日的回信中写道，"照片已收到并删除。"

克里斯托弗·塔贝尔，FBI 探员，也是最熟悉虚拟犯罪调查的人，他向在加拿大的同事通报此事，并问及不列颠哥伦比亚省 White Rock，是不是有乌尔布莱特提到的这个人于相应时间在抢劫中遇害——或者出现过"自杀"的迹象。加拿大同事回答没有，没有这样的死亡者。

FBI 竭尽全力、小心地搜集关于乌尔布莱特的信息，记录中有关于他雇凶杀人的交流。他们还派了一个卧底探员深入接触乌尔布莱特和"丝绸之路"——大约在 2012 年 12 月，在乌尔布莱特与 Redandwhite 交谈 8 个月之后。官方版本是这样的。在 FBI 记录中，该探员被记录为探员 I，以便不暴露身份，而他的具体任务则不为人知。然而，据《国际商业时报》（IBTimes）称，这位探员与 FBI 能得到"丝绸之路"的信息和秘密对话有直接关系。据该报称，还可能有其他助手，长期暗插在"丝路"中的助手。

据《国际商业时报》称，在 2011 年 6 月，克里斯托弗·塔贝尔与另一位专业探员站到那个黑客组织最高领导人（黑客领袖）赫克托·泽维尔·蒙塞古（Hector Xavier Monsegur）门前。蒙塞古住在纽约市公寓区的 6 层，他面前是穿着牛仔裤和 T 恤衫的探员。他说"我没有电脑"，而探员看到他身后房间里有电线。是电线出卖了他，蒙塞古在虚拟世界显然有个特别的昵称，并因此而著名：Sabu。他是匿名黑客组织最高领导者，参加组织所有的大型行动，例如，入侵 PayPal；在维基解密的支付往来上动手脚，从而在经济上切断网站。显然在诱捕行动中，蒙塞古被捕，世界著名的黑客之一被关在了一个小房间里，原因是一个愚蠢的、微乎其微的，当然也是令人气愤的错误。

从报纸中得出，塔贝尔向其提出秘密交易。因为蒙塞古还有孩子，让他坐到电脑前，利用已知信息帮助抓获黑客组织 LulzSec 的其他 4 名成员。为什么这样一位意识上有清楚的立场并一贯有明确目标的黑客会在初次接触就陷入 FBI 的圈套，对此人们还是会充满疑问的。《国际商业时报》也同时给出原因：蒙塞古的孩子在这里起了关键作用。黑客事件至今没有判决，审判时间一再后延。因为据《国际商业时报》称，蒙塞古在本案中能作为专业人士帮助塔贝尔，也可能在"丝绸之路"上提供帮助，因为塔贝尔要负责这两个案子。

事件的重点不是粗略的猜测，而是 FBI 在证据中收集了大量的对话这一事实。对话显示有人花大力气运营匿名网站，当然不是公开的，而是通过脸书展开。一般，我们都知道这些对话肯定有加密。那么，FBI 从哪儿搞到了这些信息——包括"丝绸之路"的秘密截屏和乌尔布莱特许多秘密的邮件往来，肯定是有人复制了这些东西，因为嫌疑人一定会销毁有关邮件。还有，搜索证据的方式显示，侦查团队中一定有极其专业的专家。这位专家是探员还是外请专家，FBI 并没有公布任何消息，只是提到请见即将展开的审判过程。

乌尔布莱特对以上行动一无所知。他和 2 个年轻男孩住在圣弗朗西斯科。据他自称，自己"是友善的"，并且"只有一台笔记本和几件衣服"。乌尔布莱特向他们介绍，自己叫"Josh"。"是一个简单、友好的得克萨斯州人"。并且他认为，不论自己还是他的网站，隐匿性都是绝对安全的。

"我很有安全感，只要他们（NSA）没有掌握解密的最先进办法，我对此非常怀疑。此外，我在'丝绸之路'上有几个好用的安全专题，在这儿我不能细说这些安全特点。"—— 恐怖海盗罗伯茨在《福布斯》采访时说。

潜入网站的卧底探员做了即便是平台上许多有经验的毒品贩都不敢想象的事情——他直接联系到乌尔布莱特，网站的老板和运营商。他称自己是走私犯，有几公斤毒品，并且"对 10 公斤以下的交易不在行"。他施了个诡计，首先不列举各种可能让买家和顾客敏感的毒品：这家伙是谁，没人认识他，他什么都没发过就想出售大量毒品？许多人已经预料到这个假想的走私犯是一个间谍。

乌尔布莱特本人也许是被金钱的欲望冲昏了头，根本没有考虑这种可能："我为你找到了合适的人。"他回复这位新客户，并委托一个和他共同管理网站的自己人去找一个潜在的想和这位新的"大客户"合作的买家。不久他就找到了一个买家。乌尔布莱特找到一位同伴——做卖家交易时的比特币担保人，货寄到了那个同伴的地址。

2013 年 1 月 15 日，这位新客户联系乌尔布莱特："货已寄出，共1 公斤可卡因在邮寄途中。"乌尔布莱特祝贺首次"大买卖"顺利成功，同时 FBI 探员开始着手工作，在 1 月 17 日寄出一批伪装的货物，货中含有可检测的可卡因痕迹。FBI 不愿透露更多信息。

"我不理解您的问题。我们并不是什么都卖。网站上不允许出售武器，也不准交易儿童色情视频和图片。但是对于这个问题，就是在把人类从奴役中解放出来的过程中，我们怎么会做得过分？保护公民权，首先涉及个人的自由，也就是保护公民不受国家的压迫，我们又有哪里做得不对？"——恐怖海盗罗伯茨在《福布斯》杂志采访中说。

就好像这一切还不够小心，乌尔布莱特又犯了一个严重的错误：他的同伴被捕，也就是策划交易并将自己的地址设定为收货地址的那个人。至于他是不是一个挡箭牌，也不得而知。而乌尔布莱特好像根本没有严肃地考虑过这一切。

出于担心他的前同事会在 FBI 或者 DEA 反毒局交代出一切，以及考虑到这家伙很可能早已背叛自己，乌尔布莱特决定选择一条极端道路：他在 2013 年 1 月 26 日给所谓的毒品商，而实际上是卧底探员写邮件说："我想他一定完蛋了，给他点颜色，我想拿回我的钱。"

如果他决定这样做，那么 FBI 探员，也就是这里的新客户，是做这件事的合适人选，这点毫无争议。也许乌尔布莱特考虑到基于那一大单可卡因，对方和卡特尔的人有关，或者干脆就是卡特尔的人。一天之后，乌尔布莱特又有了其他想法："能把我们之前的合同改成杀人委托吗？而不只是折磨他。"他问卧底。"他知道得太多，他对于整个事情参与太多。我怕他会什么都说出来。"乌尔布莱特继续表达他的担心。然后他又补充："我从来没有做过这样的事情，雇凶杀人或者杀人。但是我不得不说，这是现在最正确的选择。"如果他与 Redandwhite 的对话记录属实，那这里他纯属在说谎。

2 月 5 日，乌尔布莱特要求对方汇报事情的进展："事情进展如何？"他问 FBI 探员，"你们能不能给我拿出那人已死的证据———一段视频，如果不行，哪怕发几张照片给我？把他按到电脑前，让他把我的钱还给我，然后杀了他。""丝绸之路"的主人在邮件中这样写道，还有，"然而对我来说，比拿回钱更重要的是让他保持彻底闭嘴。"

乌尔布莱特猜测，他的前同伙并没有被捕，而是带着他的钱逃跑了。如果乌尔布莱特能真的想到同伙已经被捕，那么他也不会再选择雇凶杀人。除非他的前同伙在监狱中交了保释金后被释放，而这无论如何都在监视之下。FBI 间谍回复乌尔布莱特："找到了他，不过他的妻子和女儿也在。我们等到他独处时就立即进去做掉他。"

恐怖海盗罗伯茨：只要告诉我，他什么时候能从这个世界消失。

4 天之后，卧底探员再次回复乌尔布莱特。

探员：任务还在进行中。他人还活着，不过我们实时跟踪着。放心吧，我们的人都很专业，是真正的职业杀手，会解决他的。

恐怖海盗罗伯茨：事情本没有这么困难。

2 月 16 日，FBI 探员发给乌尔布莱特一张照片，记录了谋杀过程。这是由官方制作的一张伪造的照片。

恐怖海盗罗伯茨：很好，事情终于完美收场，我终于松了口气。

对我来说，这种事情也是前所未有。不过我想我别无选择，只是做了正确的事情。干得好！我还会找你们合作的，尽管我希望不要再有这样的需要。

随后完成交易。在 FBI 完整的记录下，2013 年 10 月 1 日，乌尔布莱特于圣弗朗西斯科的大学图书馆被捕。

在"丝绸之路"关闭后不到 4 周时间，出现一条消息："丝绸之路"又回来了——"丝绸之路 2.0"。一个叫作 Libertas 的用户肯定地公布了这个消息。"这个新的'丝绸之路'将会是焕然一新的，"他写道，"并从错误中汲取了经验。"在说这样的话时，他有意使用乌尔布莱特的管理员身份——恐怖海盗罗伯茨。网站现在更加重视信任，只能通过邀请码申请注册，并且还对新的卖家收取费用。"丝绸之路 2.0"的运营方不得不十分小心谨慎。论坛中拒绝一切形式的询问及对话，另外，即便发生对话也会被立即中断。自从 FBI 出现并击毁了第一个"丝绸之路"网站，用户都格外地小心。在许多人眼中，完全匿名的招牌已经名不副实。基于具体的利益，有关买卖和交易的事情都在自己人内部进行，依靠担保人——不愿意再被问及此事。我的许多提问都在几句简短回复后石沉大海，没有回答。不管怎样，"丝绸之路"再次上线并且买卖继续。然而，可以看出，无论如何，一切交易都在有限的客户圈里进行，也因为 Tor 网不像普通互联网那样常见。不是所有人都能找到它后面的那扇门。

"我个人最喜欢的毒品是什么？我最喜欢来点地道的印度大麻，在漫长的一天结束时……"恐怖海盗罗伯茨在《福布斯》杂志采访中说。

2013 年 12 月，FBI 又对"丝绸之路"进行了最后一击。在行动中逮捕了平台的 3 位领导成员，目前在等候审判。他们当中包括叫作 Libertas 的管理员，原本准备接管乌尔布莱特的位置。对于正在审理的过程，美国联邦警察局保持缄默。外界就未澄清的细节共提出约 10 个问题，而得到的只有一种回答，即对相关解释只见最终公开文件。尽管问题直指"丝绸之路"，但塔贝尔没做有针对性的解答，而只是以类似于委托人的身份给以回复。很遗憾，他的回答中没有任何具体内容。

"本文中的观点均为专案探员赫里克（Herrick）的个人观点。尽管在 FBI 的允许下公开此观点，但不代表 FBI 或者美国司法部的官方态度。"

"FBI 及其专案探员受托维护美国宪法规定之权利。美国民主的基本权利包括话语自由、媒体和宗教自由，以及和平集会的权利。"

"我们严肃对待上述基本权利，并在全球范围内采取措施捍卫这些权利……"

"尽管如此，还是有人使用例如 Tor 这样的软件，坚持网络匿名，行为都以犯罪为目的。许多罪犯利用 Tor 网的匿名性进行犯罪，在没有这种隐藏网络的情况下无法实施此类犯罪。其中包括偷窥者、娈童癖患者、勒索者，以及像'丝绸之路'这类服务器的用户，这些网站均以销售毒品和武器为目的。调查局将继续严打那些隐藏在互联网中的匿名罪犯，他们以复杂的新式技术挑战传统的侦查工作。没有人认为互联网会保护他们在从事网上犯罪活动时不受刑事调查。"

上述说明的内容毫无意义，但可以确定：Tor 软件仍然存在，并且用户依然在使用它，但 FBI 好像仍在庆祝其侦查工作取得巨大成就，而德国官方圈子也是这样看待这一成功的。成功多大程度上归功于传统侦查，还是更多要归功于收买的前黑客，就像蒙塞古，这个问题还存在争议。但可以确定的是，官方在技术上很快赶了上来，并且看起来做足了准备。就像美国人一贯的信条，他们接受一切技术障碍的挑战，显然他们已经有如何实施的具体想法。

铅笔鸟

PGP 加密软件：如何在深网中建立联系

"嗨，我是来帮你的。"HelpGuy 的网站上写道。

网站的主页没有任何装饰，虽然不好看，但很直接、高效。不过这个 HelpGuy 要帮我什么忙？

HelpGuy：任何忙我都可以帮。我帮助你在 Tor 网中不受骗，不被窃听。如果你在使用 Tor 网，就直接问我好了。不要担心，我接受你所有兴趣、活动和想法。尤其如果它们是非法或者半非法的。关键是在我这儿没有禁忌话题。走私、手机卡和信用卡、金融交易，都没问题。

我想给 HelpGuy 写邮件，问问他愿不愿意成为我的 Tor 网好友，问他要不要和我一起阻截邮件。但是这行不通。网页结尾的一组纯数字和字母信息组阻止我们取得联系：PGP 密码。

PGP 意为"相当好的私密性（Pretty Good Privacy）"，是电子邮箱加密方法之一。PGP 加密可以通过简单的软件，安装在邮箱程序中，而且软件是免费的。

外行人起初不太容易理解邮件加密这件事，我们大多数人在这件事上都需要帮助。甚至是格伦·格林沃尔德（Glenn Greenwald），斯诺登委托的揭秘者，他起初也没有兴趣安装这个软件，2012 年 12 月，一个特别的匿名者给他写了一封不显眼的邮件。

匿名者：我有一些您可能感兴趣的东西。

之后，格林沃尔德向《卫报》的同事卢克·哈丁（Luke Harding）讲述这个消息，后者认为消息"非常含糊"。匿名来信者只提出一个条件：请收件人安装 PGP 软件。格林沃尔德同意了，他没有严肃对待这件事。"安装软件根本不在我的日程上，"日后他对加密软件是这样说的，而这种加密软件是维基解密和搜索引擎常用的，"而且我也不擅长这些软件技术。"没过几天，那个匿名者的消息再次出现。

匿名者：您装了软件吗？

格林沃尔德：还没有，我还需要一些时间。

哈丁在《斯诺登事件》（The Snowden Files）中写道，格林沃尔德怀疑这个人完全是个疯子，是个彻底的迷途者。

无论在 Tor 网中，还是普通电脑网页，都要通过发送的 PGP 密码建立联系。可以设想到，没人会在 Tor 网中发送私人密码，而都是在 Hidden Wiki 的网页邮箱中。首先，用户不想在匿名网络中暴露姓名和能追溯到其地址的信息，而且尤其不想告诉一个要在任何事情上都能向你提供帮助的家伙，特别是涉及非法事情时。另外，在非法交易和对话时，他们也绝对不会使用不加密的邮箱，否则可能立即被发现。呆子（Nerds）和黑客也经常同样表示怀疑，并对媒体询问保持沉默：记者和黑客不是一类人。因为记者必须言简意赅，他们的表达有时间压力。不过黑客对广泛解答很感兴趣，能给出真正正确的回答，而不是一些统一裁减了的有攻击性的陈述。在这点上，记者圈和黑客圈有很大差别。此外，潜在的对话伙伴也不愿意"被看到"与记者打交道。不仅要保护自己，也要保护他人。

匿名者：现在您装上软件了吗？

格林沃尔德：还没有。

另外，由于这期间已经过了几周时间，斯诺登也许已经对格林沃尔德的无能和不作为感到沮丧，哈丁写道，斯诺登为格林沃尔德制作了一个视频指南。他把视频上传到 YouTube，并将链接发给了格林沃尔德。斯诺登本人当然没有出现在视频中。"我只看到一些图形和截屏，他很小心。"格林沃尔德日后这样回忆道。

我试图伸手从柜子里拿透明胶带和一块棕色的纸壳。但尽管我伸直了手臂，指尖还是够不到它们。还差一点，好了拿到了。我拿到胶带之后，撕下一大截，将小纸壳放在胶带中央，随后把它们一起贴在我的笔记本摄像头上。我想，这样就不会被监视了。

"我确实打算安装那个软件，我和黑客组织也有很多合作。但是不知为何，这个软件不在我的首选软件名单里。"格林沃尔德解释道。因为那不是格林沃尔德要处理的唯一工作。

几个月后，在香港，格林沃尔德发现：那位匿名者也许是爱德华·斯诺登，那个曾经想和他联系的人。"我不理解您没有安装软件。"匿名者沮丧地说。斯诺登感到没有受到应有的重视，因为他用生命冒险，将家人置于险境，自己作为事件泄密者为整件事做了牺牲，而他想信赖的人却不肯安装一个简单的软件。在还没有收到格林沃尔德的回应时，他就表达了自己的沮丧。

匿名者：我是一位在情报机构工作多年的雇员。我不认为与我交流和安装加密软件会是件浪费时间的事。

其实安装邮箱加密软件并不困难：PGP 软件被安装在外部邮箱软件中。然后邮箱服务器边上会出现例如"打开 PGP"。然后我选择要不要加密某个特定邮箱或者多个邮箱。

如果我现在要写邮件，在发送之前，那个软件会打开并问我是不是想为这封邮件加密，或者现在还不需要加密。因为加密只在对方也进行加密的情况下生效。最初，也就是软件第一次启用时，会生成2个密码——PGP密码对。一个给我自己（私钥），另一个给收信人（公钥）。

我的私钥是保密的，也就是在我的计算机上，我把另一个密码，也就是公钥发送给邮件接收人，或者告诉他在哪里会找到对应共钥，例如，在公共PGP密码服务器——类似数字电话簿的地方。在那里也能找到其他人的公钥，前提是他们有留下密码。在密码服务器上输入我要联系的人的名字，如果里面有他的密码，服务器会显示出属于他的密码。我把密码输入我的邮件软件中。这里指的是公钥，也就是发件人给联络对象的密码，就好像告诉别人你的地址。之后他就有了与我联络的密码。在我写完邮件之后，我用从对方那里得到的密码给邮件加密——用这个密码不能重新打开邮件。打开邮件需要他的私钥。这意味着只有我的收件人才能打开消息。此外，还可以检验邮件是否确实是我写的。在邮件里面有我的标记。收件人用私钥打开邮件、回信，再用我的公钥加密——也就是由我发送给他的或者他从密码服务器那里找到的密码加密，随后我可以再打开邮件。

这样，邮件的内容只有我们知道。然而元数据不是这样，也就是邮件标题中的内容——因此里面不能有重要信息——也不要有链接信息。从邮件标记能看出邮件由我发出，发送给谁。但如果我的密码口令泄露，那么别人就能打开我的所有邮件往来，之后解锁所有东西。

不过，邮件内容受到保护。如果邮件在发送之前都变成了无序的数字和字母，这不仅实用，而且看起来也是很酷的事情。

当收件人打开邮件时，首先会出现一个窗口，要求输入口令，口令也又一次保护了私钥。如果知道口令，则能够用私钥打开邮件——

点阵式的数字又变成了文字。在第一次打开这样的邮件时，你会感觉自己像英国话务员，将一切白纸黑字的好像密码一样的内容破解了，好像破解了德国国防军的秘密电报。可以干脆自己试一下。我坐在写字台前写这本书的时候，美国国家安全局显然还没有破解这种密码，或者没有完全破解，抑或已经破解了？无论如何，由于事情发展之快，很难估计未来会怎样变化。但是密码会随着加密的各种可能组合而变得更庞大、更复杂和更完善。几年前，密码还只是 3 位的 Bit 码，如今已经变成 4 位密码。密码位数在增长，而且密码的 Bit 码数越多，密码就越安全。用户要注意自己使用的是哪种密码。用古老的密码加密，就好像穿着一双满是泥泞的鞋子进入一间精心设计的新房子，踩在房间的实木地板上，用"吃了吗！"与人打招呼。

因为格伦·格林沃尔德没有合作的意愿，斯诺登继续去找了罗拉·柏翠丝（Laura Poitras）——著名且享有声望的影视记者，同时也是格林沃尔德的一位好友。"我起初什么都不知道，"她这样回忆，"不知道这到底是真事还是个陷阱。"她面临着选择，柏翠丝这样说，"不过事情给人一种真实的感觉。"

柏翠丝：我不知道您所讲的是否认真，还是出于疯狂或者是想给我设个陷阱……

匿名者：我不会向您提问。我只是向您讲述一件事情。

他的话语听起来非常诚恳，柏翠丝认为："整个事件的结构就好像惊险小说，有时还伴有幽默。"有一次，斯诺登说柏翠丝应该把手机放到冷柜里面——因为在里面防超音波。

也许这不会被认为是个笑话。

柏翠丝，这个已经写出并发表了多篇批判美国政府文章的记者，给哈丁写信，她猜测，这是美国政府为对付她而使出的诡计。

如果长时间待在可读、可搜索的网络中，许多会发生改变。不久前，我找到了一段视频，关于外部情报工作者的。在视频背景里，那种传统的美国办公室桌子上摆着工作者的笔记本电脑，电脑的摄像头被覆盖着。

我决定也把笔记本摄像头盖住，这不用花太大力气。随后我也把自己的邮箱加密。有什么理由不呢？不过我每做一件这样的事情，我对被追踪的恐惧就会加剧。

自从"丝绸之路"和 FBI 事件以来，我一直在想《爱丽丝梦游仙境》里海象和木匠之间的关系。这两人是好朋友。海象下海捕鱼，因为它会游泳，木匠用手从水中捞牡蛎。与此同时，牡蛎妈妈警告小牡蛎要小心陌生动物。"不要走开。"妈妈这样说。但是胖海象不断恭维着小牡蛎并给它们讲述外面的世界，最后它们统统跟着海象走了，落到了别人的餐桌上。

木匠勤奋努力，不久就给自己和海象盖了一栋木房子，像一家海上咖啡屋。饭前，他进厨房去取盐和胡椒，并打开了一瓶红酒，切了点面包又准备了美味的香草黄油。当木匠回来时，发现海象在哭泣，面前只剩下空的牡蛎壳。"我好伤心。"这头棕色的动物边叹息边用手绢擦着嘴巴。木匠瞪着双眼心想：他的朋友独自把所有牡蛎都吃掉了——就在他在厨房忙碌的时候？海象想解释这一切，不过木匠已经不再相信这位老朋友，从桌子上拿起锤子向海象走去，出于愤怒、沮丧和深深的失望。

海象和木匠的故事刚好适合于 Tor 网：你不知道里面的人都是谁，也不知道可以相信谁，不知道谁有可能是卧底，或者这里到底有没有卧底。无论如何，FBI 事件引起了怀疑。尽管如此，当你试图进行毒品交易时，根本不知道谁正在欺骗你——谁正在盗走你的牡蛎。FBI 有力地显示，自己通过技术手段有能力在匿名网络中进行侦查。至少 FBI 联手德国联邦犯罪调查局（BKA），以大量存储和提供儿童色情视频为由封闭了匿名存储服务器。

Freedom Hosting 之后，人们很容易丧失对所谓安全匿名网络的信任。问题是大多数人已经失去信任，他们怀疑现有技术。这就导致许多（非法）卖家离开深网。而持不同意见者和反对派有联络人，他们与 Tor 网出口节点运营商保持联系，运营商会对他们说："不要担心，网络是安全的。不要相信报纸的报告。那都是美国官方的战术，这些人最终会放弃的。"

尤其明显的是，"丝绸之路"开始征收费用：目前，Hidden Wiki 中的所有违法商品会在很短时间内消失，或者只在某些日子出现——包括 Hidden Wiki 本身。你仔细观察就会发现，每几天有网站从 Tor 网中消失，好像忽隐忽现的灯光。用户深感不安，并且认为整个网络都被收买了。美国人当然很高兴：这就是策略，突然一切销声匿迹，从警车汽笛声，到深网最深处的警示，到最后人们自己决定放弃。现在没人知道间谍在哪里，他们会进入哪里。没有网站是绝对安全的。欺骗和诡计是完美的策略。

虽然我所处的环境不像爱德华·斯诺登那么敏感，但是只要有真相和欺骗之分，人就总会开始妄想，严重的妄想。我的处境也越来越令人焦虑。

深网是个特别的地方，用它搜索，人难以彻底放弃和离开。深网也是一个昏暗的、需要人们保密的地方，也是让人感到阴森可怕的地方。它存在着某种魔力，原因并不在于那里有毒品、武器和偷来的电脑游戏出售，不在于有杀手和信用卡盗取者提供服务，不是这样。深网如此隐蔽，因为人们永远不知道其中正在发生什么，永远不确定在和谁说话。人们时刻面对这样的冲突：在做每笔多样的、违法的交易时，和你对话的都有可能是位记者。如果人们将深网和普通网络相比较，深网又是个冷清的地方，几乎没有营销、没有忙碌、没有多彩的颜色和图片。这里没有不间断播放的流行音乐，也没有持续且长的营业时间。这点我很喜欢。不过就像在一座鬼城中，很快就有种被盯上了的感觉。直到有一天，我才搞明白，其实情况正好相反。深网才是唯一的数字世界，人们在其中只为自己存在。万维网则相反，那里总有人在盯着你，可能是谷歌、脸书、情报局，总是有人在收集个人信息，并试图尽可能地把它用作盈利手段。杰伦·拉尼尔（Jaron Lanier）在《谁拥有未来》中明确地指出了这点。我们每个人都将自己的活动和愿望、利益、行为和思维方式以巨大的字母形式输入一个偌大的、所有人都能看到的白板上。

尽管我试图一再地消除这种想法，让它显得可笑和不那么绝对，可在想法背后，我能深刻感受到它的存在。对此，不懂这些技术的人可能完全没有兴趣。互联网中真正的暗网应该是万维网，但前提是先进深网中看看，以便作为门外汉，也能去了解一下其中的世界。

如果提到搜索过程，我会把手机放到一边并且关机，我会尽量避免使用借记卡和信用卡。我也几乎不发送没有加密的邮件，根本不会使用 WhatsApp，它只是孤零零地存在于我的手机存储器上。

这时，汤姆激动地打电话给我，说他丢了一封邮件，之前我已经告诉他关于 FBI 和"丝绸之路"的事情。邮件涉及一本书的封面，他本想通过邮件发给书的作家，那本书关于英国皇家空军（RAF），会在秋季出版。汤姆说封面的邮件不见了，直接消失了。"我给那位作家发邮件，她都会收到。但每次我在附件中添加了带有书名的封面时，附件就会消失。她总是收不到这个封面。他们可能认为我想在附件图片中隐藏密码，为了隐藏秘密信息，我是这么认为的。"这种妄想也传染给了汤姆，对于他来说，各种形式的轰动事件都能引起他的兴奋。

在我向黑客朋友讲述我的精神状态，也就是我能够发现不对劲的地方时，他们会微笑，他们还会大笑并且有建设性地说："你看你，现在你变得专注了。孩子，你长大了。不过这不是妄想，距离到马路对面还远呢。当你知道会发生什么，例如曾被撞倒过，你就会更加小心。事情就是这样。"其中一位朋友对我说，他的教授有一次告诉他："如果我只认识您，我会认为您有妄想症。不过，因为我知道有许多您这样的人，他们和您有同样的想法，我就也患上了妄想症。"

但是实际上，我不想被归到两边的任何一边，我既不想成为妄想症者，也不想成为专注的积极派。因为区别在于，尽管做了一切，我还不算是黑客。他们熟悉各种情况的诡计，而且还知道如果处在事件当中该怎么做，他们能够预测形势。我到目前确定自己只是一个普通的用户，有很多技术问题还没有弄懂，对于目前自己的不足，我很清楚。

我每天都在为此奋斗。我对自己说：你不要再无谓地妄想，知道吗？下一秒，我又会听到自己对我的一位正用笔记本听音乐的好友说，他应该把"电脑合上"，以便"摄像头不会监视我们"。然后我紧张地笑笑，有点尴尬地推推他"只是个玩笑，老兄"。不过那并不是玩笑。你会发现我是认真的。

当注意到朋友看我的眼神，他们应该在想：你是怎么了，爱丽丝？我在和他们疏远，我的世界，我做的事情，我忙于的工作，在朋友眼中已经是妄想症的症状，以至于对于他们来说，根本不可能想象到我所处的形势。"你不要再继续钻牛角尖了，谁会对你搜集的信息感兴趣？"他们说，"你根本不够重要。"不过我不再相信这样的劝说，我不能就这么放弃。

对我来说，现在就像爱丽丝站在石头上：独自站在森林中，找不到方向。周围是奇怪的环境和怪异的动植物，这些从没在地图上出现过。我知道，要继续向前走，不能坐在原地，我很可能在森林中迷路并为此懊恼，一次次被阻断前进的路。

但同时，一种担忧折磨着我：如果我不继续寻找下去，那永远不会有答案，不知道真正的匿名世界到底什么样子，永远无法估计哪些是吹嘘的传奇故事，故事的核心内容是什么。除此以外，我清楚：如果我待在原地，我就会永远坐在森林中，没有人会来接我出去。从这个角度讲，这并不是一个选择。

我在一个只在 Tor 网发送邮件的服务器上注册了一个新的邮箱地址，给 HelpGuy 写信："我们要不要一起阻截邮件？"但没有得到回复。我感到有点沮丧：如果我想知道下面仙境世界里的生物要告诉我什么，我必须学会加密，必须向专家学习正确的加密方式。我必须学会说他们的语言。HelpGuy 和其他人依然没有消息。我看起来还是网站的访客，就像带着信用卡和照相机站在那里的一个过客，像一个正在问路的路人。

如果我会加密，我确定有一天我还会回到普通世界，回到我的家，回到绿色的草原。我站起来，掸掉仙境衣裙上的灰尘，一步一步地向魔幻森林里走去。

我面前小小的铅笔鸟拍打着翅膀站起身，走进黑色的水中。

在兔子的家中

武器商和掘墓人：走私犯和杀手如何做生意

私底下有人告诉我，只要我的邮箱还没有加密，这里就不会有人和我说话。而且用户也很少用邮件交流。

所以，我又装了一个客户端软件，通过它可以实时交换加密消息。然后我开始给我的联系人写消息，并且发现加密很受欢迎，渐渐地，事情开始变得顺利，好似之前紧闭的大门都打开了。大概这就像爱丽丝吃了第二块饼干，她的身高变成了10米。她用头顶开了树梢搭成的屋顶，鸟都飞出去了，就像这歌词所描述的：

一粒药丸让你变高，

又一粒让你变矮，

还有妈妈给你的药丸，

不要做任何事，

去问爱丽丝，

当她变成10米高的时候。

——杰斐逊飞机乐队《白兔》

邮箱网络客户端，是指通过它可以在网页上登录邮箱，而不需要在电脑安装任何邮箱软件。我现在正用它给 Tor 网中一家武器供货方 Executive Outcomes（世界上最大的私人武装公司"EO"）写一封加密的邮件。

我：你好，我叫瓦尔特。尽管我现在还不想买武器，我能向你们提个问题吗？

Executive Outcomes：当然，可以叫我约翰。

Hitman Network 网站示例：

我：你好，我想建一个隐藏服务（Hidden Service）。

没有回复。

到目前为止，几乎总是这样：提个问题，不论是关于"服务"的问题还是关于 Tor 网的普通问题。接下来，等到的结果都是对方的沉默。

我打算再尝试一次。

我上了 Old Man Fixing Fixer's Service 的网站。这是一个灰色的界面，网页上是看不到尽头的文章。Fixing 在这里是修理和整理的意思，即在所有可能的事物上发挥作用。

我们可以把 Old Man 网站比作一个可笑且怪癖的人，就像晚上在霓虹灯酒吧前看到的并且会快步远离的人。在现在的情况下，对于我来说，遇到怪人怪事都是合理的。当我打开粗糙且昏暗的网页时，我感觉自己好像一不小心闯入了咖啡厅的后堂，看到两个人坐在低垂灯光下的桌边，他们正在打牌，我的进入显然打扰了他们。背景里有个人在磨刀，磨好了刀，他开始给自己的那只老狗削苹果。

"我们提供以下物品和服务。"Old Man 网站的主页里写道。

- 洗钱（比特币和银行汇款）
- 海外银行账户
- 内幕交易（股票等）
- 逃税
- 假钞
- 毒品（及种子）
- 实验室设备（制造化学毒品）
- 各种形式的文件和证件（驾照、出生和婚姻证明、大学毕业证书）
- 稀有书籍的盗版
- 黑客服务
- 恶意软件（开发特洛伊人和其他用于偷窥电脑的软件）
- 异域宠物
- 贿赂间谍、税务侦缉员和其他"官员"
- 虐杀电影（现场拍摄的折磨和杀死别人的视频）
- 奴隶

Old Man 一定是个做得相当成功的卖家网站，有商业头脑而且在圈内很有名气，或者他全靠众多老客户的支持。也许他也和许多人一样？我给他写信，说自己对奴隶和异域宠物感兴趣。信中我问他能给我提供什么货品，还问他提供的是不是性奴或者劳动奴隶。我等了几周，不过依旧没有回复——也许和陌生的对象"谈论生意"有点太危险；或者我的用词和表达与这里的其他人差别太大。

铅笔鸟和下面奇幻世界里的其他生物一样，是一种奇特的生物。它们胖胖的，几乎抓不到，从身体轮廓来看是种少见的稀有生物。

其中一种稀有而且同时引人注意的生物以它生活的地方命名，叫作 Unfriendly Solutions，意为"不友好的解决办法"。它是 Hidden Wiki 的一个网站，多次在各种媒体中被提及。这是一个 Tor 网中的杀手网站，但并不是唯一的杀手网站，还有两到三个其他的同类网站，然而这些网站对陌生访客都保持警觉，不允许进一步深入了解。

来到这种地方，应该也能找到一本好书的素材，内容大概是：那是一个深夜，"雨水拍打着窗户的玻璃"，多么引人入胜的情节。事实上，对于每一个第一次看这个网页的人来说，眼前会突现一个灰色阴影，这会立刻使人感到不安。简而言之，产生一种感觉：这不是我该来的地方。

Unfriendly Solutions 这样描述其服务："为你排忧！你只需发给我们你想除掉的那个人的联系方式。我们需要目标人物的地址、照片、个人信息如名字、年龄和他什么时候在家或者不在家，这个人是做什么的（工作时间是怎样的），以及他是独自生活还是和他人同住。然后，告诉我们你想怎么除掉这个人。我们可以讨论，我们胜任任何方式——从简单的一枪打中眉心毙命，到徒手结束他的性命。这当然也涉及价格问题。"杀手服务还要求提前支付，以避免不必要的风险。"我要的是钱，你要的是安全性。作为补充，我要再说一下：杀非官方人员，也就是非警察或者法官，即普通公民的价格是每人 7 000 到 15 000 美元。"如果需要详细的价格单，我们会发给你完整的价目表。另外，在必要时还会产生路途和住宿花销，以及弹药和购买特殊武器的额外费用，这些花销将根据 Visa 票据结算。

"我们不接受国际支付宝（Escrow），也就是说，不接受保管交易金的中间信托机构。预付一半，另一半在完成任务之后支付，不经过第三者。如果你认识受害者，那么你会听说他出了事故，由此知道我们完成了你委托我们的事情。如果你不认识受害者，也不认识任何他的亲属或朋友，那么我们可以相约，事后发给你一张尸体的照片。不过这要额外支付 500 美元。原则上，我们不会记录我们的作为，即便应客户要求。事实表现，一个小错就可能给我们带来巨大的风险，有被识破身份的危险。"

据说一位著名的资深博客主（All things Vice）曾与深网有诸多联系，与一位杀手进行过对话。他始终不清楚对方到底是位真正的杀手，还是 FBI 的间谍，或者单纯就是个骗子。

博客主：你们能不能在澳大利亚帮我解决一个人——我的前夫？他有变童癖，并且有可能来骚扰我们共同的孩子，因为法庭没有禁止他来探望孩子。我现在很害怕。

杀手：我们很愿意接受这个任务。对于酬劳，我们需要先做一个约定——先预付一半费用，另一半在事后结清。我们可以见面交易，或者你用比特币支付。

博客主：我怎么知道你们会不会拿到一半钱之后就消失了——我们不能用国际支付宝吗？

杀手：可以，也可以用支付宝。但是只限第一部分，也就是预付的那笔。我们需要钱用来住酒店，准备新的护照和其他花销。我们可以接受第一部分用支付宝。不过，第二部分要面对面支付，也就是见面交易。

博客主：护照和住宿都包括在 2 万美元的费用里吗？还是需要额外支

付？另外，为什么要见面？我以为全过程都是匿名进行的，不是这样吗？

　　杀手：旅途和护照要额外花费大概 2 000 美元。我们也可以约定第一部分直接支付，余下的用支付宝。

　　博客主：接下来我还要做什么？

　　杀手：你需要发给我们一张你前夫的照片和他最近的有效地址，以便我们能找到目标人物。其他的要看我们随后有什么样的问题。

　　博客主：这对我来说有点冒险。我需要一个假的 ID，一个假的账户用于转账。而且，你们也可能在拿到钱之后直接带着那笔钱跑路了。

　　杀手：生活就是如此。如果你想寻求这样的解决方式，那这就是你必须面对的风险。我们只能说我们做这行有丰富的经验。

　　与 Unfriendly Solutions 联系除了需要加密、Tor 邮箱、假名字或其他保护措施，我还需要一位专家的指导，保证我的系统匿名性无懈可击，不能因杀毒软件或者后台运行程序泄露我的身份。说到这里已是一种非常可怕的设想。

　　爱丽丝站在兔子的家里，因为吃了饼干，她整个身体不断长高，直到胳膊从房屋的窗子伸出，脚也伸到了门外。这时，房子的主人，那只白色的兔子回来了，它完全陷入恐慌。它一边大叫，一边疯狂地用手比画着，它大喊着渡渡鸟。渡渡鸟正拿着烟斗散步。"得把这个巨人从屋子里弄出去。"渡渡鸟单凭自己没法做到——可能它也不敢单独靠近爱丽丝——它叫小蜥蜴带着梯子来帮忙。为什么我要写这些？我的"小蜥蜴"住在柏林，也许可以找他帮我解决困难：西蒙是我的一位好友，是位黑客和 IT 发烧友，同时他也是位有资历的信息工程师。此外，他对这类事情一向很有兴趣，他不会以异样的眼神看着我。而且，他也是为数不多的了解这个话题的人，他知道我的妄想不是神经错乱，而是进行逻辑推理及合理猜测的开端。

带着梯子的小蜥蜴

Tails 系统——像爱德华·斯诺登一样匿名

"你整天都在做什么呢？"西蒙问道，并递给我一块比萨。他住的屋子很冷，还不到 18 摄氏度。西蒙说暖气不久前停掉了，一天又一天这样挨冻。我感谢他的好意，但并不想吃比萨。不过穿上一双暖和点的拖鞋还是要的。

"我在努力尝试给那些人写信。谢谢你的鞋。"我回答他说，并指了指穿暖了的双脚，"你真是太贴心了！"

"小意思。"他微笑着端着一块比萨回到自己的座位。他常坐在电脑前，那里堆满了专业书籍和小纸条，还有一台旧电脑和一些小东西。西蒙是个黑客，也是我一个要好的朋友，不过对于在这本书中所谓"黑客"，跟大部分人一样，他一定不愿意被这样称呼。西蒙是位资深信息工程师，最近兴趣全在满墙他亲手装上去的滑板架上。有人曾这样描述黑客："黑客是试图寻找用咖啡机做吐司的办法的人。"西蒙倒确实尝试过。所以说，他正是我要求助的那只拿着梯子的小蜥蜴。他说能帮助我，接着就开始了关于操作系统的长篇大论。

让我们再次回到爱德华·斯诺登的泄密事件。罗拉·柏翠丝在斯诺登之前与朱利安·阿桑奇取得联系，朱利安是维基解密的创始人。斯诺登让她与她的朋友格伦·格林沃尔德意识到，在当时的情况下，他们的交谈很容易被窃听，加密的往来邮件也可能被解密。据哈丁讲，柏翠丝起初根本不知道该怎样联系格林沃尔德。

她发现由于进行过相关搜索，自己已被美国官方监控，电话和邮件都有潜在的不安全性。她当时在柏林进行斯诺登轰动文件的前期调查。她联系格林沃尔德并要求他与自己见个面——面对面的，不要通过任何电子设备。他们要交换第一批信息。据哈丁讲，斯诺登甚至考虑把资料交给阿桑奇。不过阿桑奇在伦敦厄瓜多尔使馆，在情报局和全世界公众的关注之下。也许只有通过 Tor 网的链接，将文件转至维基解密，并继续将其他真相也在平台上公布。

柏翠丝决定和格林沃尔德及匿名信息提供者见面——因为她认为这对鉴定信息来源很重要。"我需要 6 到 8 周时间。"格林沃尔德回复说。

格林沃尔德：我当然不是整天坐在那里幻想会发生什么。我还有其他事情要做，所以对于见面的提议并没那么在意。

"我们为什么又到这个界面了？"我问西蒙，他面前摆着一台电脑，我手里捧着一杯冒着热气的新煮的咖啡。

"因为你想要联系杀手啊。"他说着向黑色的窗口中敲着什么，那是控制面板——接下来的几秒内，电脑屏幕上出现持续变化的内容。"你最好不要在家或使用自己的电脑这么做。"他对我补充说。

因为电脑总是会随带着发送数据信息，这点几乎可以百分之百地肯定。通过后台程序，像杀毒软件、传真机软件更新、peerblock 防火墙更新、显卡和系统更新，以及带有邮箱地址的电子邮箱服务器（虽然我的邮箱已加密），它还是会发送元数据。所有这些都有可能泄露个人身份，我的电脑就成了一台和外界对话的机器。如果不想进美国的监狱，我联系杀手的计划就一点也不合适。

"西蒙，为什么这么久？"我不满地发起牢骚。"整个过程就是需要这样，而且这个步骤很重要。"他继续深入检查控制面板。"我正在检查下载包的真假，为了看一下是不是有人在下载页面嵌入了其他文件夹，例如木马程序。"这里要下载的是一个驱动程序。据说，如果想和杀手建立联系，就需要安装这个程序。

我努力想着在小蜥蜴要给爱丽丝所在的房子放火时，它和渡渡鸟一起吹奏的歌。"这听起来很有意思，"我稍带嘲讽地说，"到底要怎么检查？"西蒙弯下身体，眼睛一直盯着屏幕上流动着的信息，显然目前还有问题。"嗯，我通过密码检查。你还记得你的邮件密码，也就是PGP密码吗？"他问，我点头表示记得。"我现在正是通过密码检查下载文件，看密码与文件是不是相符。"我尝试记录下载软件杂乱的专业词汇。不过如果有人换掉网页，换上一个错误的下载文件——他难道不也会换掉密码？也许会。就像这样：西蒙会知道他在做什么。如果需要检查，那就一定要进行检查。他们基本上都是这样做事。

"已经检查好了？"我问他。西蒙点点头，把比萨盘子推到一边，整个键盘空了出来。"我用许多方法检查，以便可以完全确定安全性。"他回答。"为什么要用多种方法反复检查？一种难道不够吗？"我问他。

他转过身，盯着我看了一阵，表情十分不解。"必须要彻底检查，这是基础。就像在入室盗窃案的现场寻找蛛丝马迹，"西蒙回答，"如果感到被跟踪或者类似情况的话。"

"平时你也要检查？"我问他。

西蒙耸了下肩膀。

"偶尔。"

柏翠丝 4 月中旬给格林沃尔德写信，要他准备接收一个 FedEx 邮递的包裹，里面是匿名者提供的消息。此时格林沃尔德还是没有给邮件加密，没过多久他给柏翠丝回信说："包裹已收到。"

包裹里是 2 个 U 盘，也有可能是硬盘，不过也许只是 2 个 U 盘，据哈丁说。格林沃尔德猜测里面装的是秘密文件"Linux 系统软件和关于加密的书"。当他打开包裹时，发现自己猜错了。U 盘里是一个聊天软件，通过该软件可以将与他人的交流加密。也许是带 OTR（Off-the-Record-Messaging）的 Jaber 客户端，一种特殊的加密。这也是我为了预防黑客入侵给电脑安装的软件，是一个像 WhatsApp 或者 ICQ 一样的聊天窗口，里面安装了加密程序。他们在聊天软件上经过几轮交流后约定了见面地点，"选择在香港见面。"匿名者写道，并补充说，"可能也会存在风险。"然后他第一次提到自己的名字：爱德华·斯诺登。

此人没有告诉柏翠丝任何事。哈丁写道，她知道每次用谷歌搜索敏感人物都可能引起美国国家安全局（NSA）的警觉。这期间斯登诺向格林沃尔德求助，因为到目前为止，几乎所有事情都是劳拉·柏翠丝当中间人。她用新的、加密的聊天渠道联系格林沃尔德，聊天软件是用 FedEx 包裹发给对方的，其中有软件的安装说明。

斯登诺：您能到香港来吗？

格林沃尔德想不出香港和美国情报局有什么关系，因为情报局位于马里兰州米德堡。他的直觉告诉他最好再等等。他当时正在写一本书，并且交稿的日子已经临近了。

格林沃尔德：我现在手头还有事情要处理，一时还走不开……而且我也想知道我们要谈的到底是关于什么，为什么我要去香港？

接下来的 2 个小时，斯登诺一步一步向格林沃尔德讲解下载过程，并要他先找到并下载一个文件，之后再回答格林沃尔德提的问题。斯登诺展示给他看文件在哪里和怎么进行准备——斯登诺强调这个特殊的驱动系统是最安全可靠的：Tails。

西蒙也正在安装这个系统。作为外行，为了避免导致各种后台程序和服务器无意发送泄露身份的数据信息，我们现在像格林沃尔德一样启动电脑。通常驱动系统在启动主驱动系统时同时启动，主驱动系统可以是 Windows、Linux 或者 OSX。我们使用的驱动系统存在一个小 U 盘上，因为我们的所作所为就像铤而走险的走私犯。装在 U 盘里不仅方便携带，还能保证匿名性。启动电脑时，系统在 U 盘而不是硬盘中启动，这样就不会在电脑上留下任何信息或者其他会泄露身份的痕迹。

下载检查完毕，我们的 Tails 差不多准备好了。西蒙把 Live 系统拷在 DVD 上，大概就像暂时把它冷冻起来。把文件存到不可重写的储存介质上可以避免他人对其再进行修改，这与存在可重写的 U 盘上不同。这样，我们就给 CD 上了保险——万一 U 盘系统受损，就可以立即重建一个未被篡改的系统。

U 盘上现在有 Tails 驱动程序，一个建立在 Debian-Linux 基础上的系统，其中已经包括 Tor 客户端。而且现在它是可移动的：使用后可以拔掉 U 盘，再用于另一台电脑。甚至可以像专业间谍一样，把它拴在钥匙扣上随身携带。

"Debian 操作系统确实很好，"西蒙肯定地说，"要写正确了：Debian，空格，GNU 大写，然后 Linux。"他补充说。

"不过比萨远远好过 Tails 系统。边吃比萨边交流，完全可以不用加密嘛。"西蒙边嚼边说。

"确实不用。"我回答他说，并努力记录他口中不断冒出的专业用语"我应该也会用到它们"。

我们的计算机现在已经能够识别 Tails，因为只要它启动，我们就

用键盘组合通过驱动计算机的 BIOS、基础软件和框架告诉它要启动
什么。可以在预装的 Windows 系统和 U 盘系统之间选择，接到指令
后，启动 U 盘。接着出现运载图像，随后很快出现开机页面。它看起
来当然与我们已经习惯的 Windows 界面不同。不过在视觉上是可适应
的，有朝一日你确实会想念这个界面。接下来我们将键盘语言设置为德
语——这个并不是必须设置。然后点击洋葱图标，图标变为绿色。现在
我们几乎与格林沃尔德和斯诺登一样安全了。

另外，建议要先安装语言包。我在 Tor 浏览器上使用英文，为的是
自己的母语不被发现，要做到万分小心谨慎，以免百密一疏。

信息安全专家弗洛里安·瓦尔特（Florian Walther）建议为泄密者
和记者开设培训课程，而不仅限于借助像 Tails 这样的 Live 软件。"我
总是推荐我的学员将地点选择在宾馆，但不要提前预订。这样可以预
防对手事先对房间做手脚。要知道，不仅是在那些所谓的流氓国家才
会在宾馆房间里安装窃听装置，这事在许多西方国家也会发生。"瓦
尔特解释说。"你会惊讶于谁会在你离开房间后进来出去，"这位专
家又补充道，"经常有人会问我这个问题：我要不要把笔记本电脑的
摄像头盖上？对于正在某些国家做调查的记者来说，不仅要盖住摄像
头，还要拆除电脑上的话筒。"

停留在不欢迎自由媒体的国家的人应该看住自己的手机和电脑等
类似物品。"例如，千万注意，不要把手机放在上衣口袋里，然后又把
上衣挂在衣帽架上——之后你会发现手机变成了全新的工具。电脑也是
同样，在你需要暂时离开酒店房间时，不要安心地把电脑留在房间里。
要在出去前为电脑系统做相应的安全处理，做足准备工作，"瓦尔特建
议，"这样可以在回来之后追溯谁在电脑上存储了什么东西。如果你不
这样做，并认为没人会这样做，那之后坐在电脑前的就不再是你一个

人。"正如瓦尔特所说，全世界都在谈论技术的无限可能性，技术唯一不做的事就是：睡觉。

"老兄。"西蒙喊道。

"怎么了？"我从厨房端出一杯新煮的咖啡。

"你有没有读你挑中的这位杀手写了什么？"西蒙问道，抬起眼睛。"我来处理那些让你心烦的人：纠缠不休的前妻、平民或者警察，"西蒙读给我听，"通过 Tor 网是最好、最安全的选择。"西蒙停住了。"这是你挑的人？"

我点点头。

"还没有完。"西蒙说。

"我不想知道任何关于你的信息，你也不会知道我的任何事情。我做这行已经 7 年多，有丰富的经验，曾用过多个假名。这个职业改变了我许多。""这点我相信。"西蒙说，接着他咬了一口比萨，继续出声读，他脸上的表情就好像他正在读一篇关于宇宙奥秘的文献："我所说的都是出于严肃和认真。"他大声强调了"严肃"这个词。西蒙继续读，他放下手中的比萨。"他说在联系他之前一定要考虑好到底要不要联系。这是做任何决定之前都要有的考虑。"我说道。

西蒙看着我，摇着头说："我一定不会联系他，事后他一定会杀掉我。我怎么知道他会不会也除掉我？而且和他联系的话，必须要有个目标人物。我们可以向他询问价格，但如果他想知道你要杀谁，你要怎么讲？我还不知道。简直就是没有必要的对话！"我用手摸着胡子："我们就编造一个人好了。"

"编造一个人？"西蒙皱起眉头，"你想得太简单了。如果你虚拟的这个人真的存在，而且杀手在脸书上找到了他，你该怎么办？而且你想过付款的事情吗？"

我耸了下肩膀，我的手机响了。"汤姆。"我说。"太好了，"西蒙高兴地说，"快问问他杀手的事。"

"你打电话来太好了，汤姆，我们正说起你呢。"我接起电话放到耳边。

西蒙盯着我，专注地咀嚼着他的比萨。

"没错，我们刚刚联系了杀你的杀手，"我对他说，"我们说要杀的是奥夫堡出版社的一个叫作汤姆·穆勒的人。"西蒙偷笑着，汤姆立刻表现得紧张起来。"我在开玩笑，汤姆，"我说，"不过因为这事儿都是你的主意。我们想不到合适的名字。"

"我不要联系杀手。"西蒙在后面小声嘟囔。

"西蒙说他不联系杀手，"我把话转给汤姆，"我也不打算联系，汤姆。"

汤姆：不过这本书的意义就是要深入"普通"民众不会进入的地方。

西蒙：（坐在后面吃着比萨）汤姆可以用我的电脑。

我：汤姆，西蒙说你可以用他的电脑。

汤姆：怎么讲？

西蒙：让他干脆过来好了，再带点啤酒。然后他就可以用我的电脑联系杀手，我们围观。

我：你来联系杀手，再带点啤酒来。

汤姆：好吧。

我：什么，说定了？

实际上汤姆也不想做这件事。我们挂断电话。"杀手还写道，如果目标任务在欧洲，那他会在 1 到 3 周内到欧罗巴，"西蒙说，"我相信他就住在欧洲。如果住其他地方，会需要更长时间。"

不过我觉得这是个骗子网站。此外，如果我们注册比特币账户，那无疑要产生信息。"坦白讲，如果我要找杀手，用那么多钱，那我宁愿在大马路上随便找人来问。"西蒙窃笑道。

"我也会这样做，"我说，"我们没办法核实，通过询问也不能证实任何事，除非他真的为我们杀了人。然后我就会被联邦州犯罪调查局记录在案。"我说，"罪名是雇凶杀人。"西蒙点点头："我觉得我们还是放弃吧。"是的，我想也是。

小蜥蜴和渡渡鸟也有顾虑——尤其是小蜥蜴，它沿着梯子爬到烟囱口去看屋里的巨人。"你会成为英雄的。"渡渡鸟带着高傲的笑容，拍拍小蜥蜴的肩膀，而小蜥蜴紧张地挂在梯子上。"我上不去了。"它说。渡渡鸟说："你必须上去。你想想大家会多么敬佩你的勇气。"小蜥蜴让渡渡鸟看头顶的鸟并说："你可以自己到屋顶上去，而不是站在安全的地方等候。"之后，两个家伙出于安全原因，决定还是放火，为了"把巨人赶出去"。当白烟升起，爱丽丝忍不住咳嗽起来。她又尝了一块饼干，随后身体缩小到一只老鼠的大小，就像此时的我和西蒙。在渡渡鸟和小蜥蜴观察火势时，爱丽丝逃走了。有时走为上策，把自己变小，溜出去。爱丽丝也在想："为什么我一定要比小蜥蜴勇敢而让自己受伤害呢。"然后，她悄悄地从下面的树洞钻出去，跑掉了。

茶话会
调查和虚拟搜查：深网和官方调查机构

在汉诺威滑铁卢广场前的联邦州犯罪调查局是一座灰色的建筑，从建筑表面可以看出它已是很多年代的见证者。我经过楼前延伸的停车场和 46 米高的凯旋柱，推开玻璃门，门不太好活动，在打开的过程中发出好似呻吟般的声音。楼内很安静，随后从长长的走道另一端中传来脚步声。我认为是时候从另一方面来研究深网。就在我等待武器商或者 HelpGuy 的回复时，我想到应该了解一下警察在深网中怎么克服技术障碍，他们用什么方法深入调查，以及他们有哪些有意义的经验。我指的警察除了 FBI 探员，还有联邦州犯罪调查局的虚拟犯罪调查官员，既然联邦犯罪调查局对此不想接受任何采访。

一位蓄着灰白胡子的人问我："请问有什么可以帮您？"从眼镜框上面可见他严肃的目光。不过他的眼睛看上去倒是温柔、友好的。"我有预约。"我告诉了他我的名字。"请您在走廊一侧稍等，有人会来带您进去。"我点点头，随后问他："能否借用一下洗手间？"我想稍微熟悉一下这里，到处转转，也许以后我再没有机会进来。"就在后面，沿着走廊直走过去就是。"他回答说。

　　大门处的那种全现代化的印象感渐渐减弱。在我左顾右盼地朝每一间办公室里望时，我想，下萨克森州的司法和刑法部门的布置都是大同小异的吧。20世纪70年代的喷漆柜子和木桌，深色的地毯地面能尽可能降低脚步声音，这些都让人想起传统的教室。我认为警察也应该有时尚、现代的办公室，而不是在"过时"的环境里工作。我站在洗手间的镜子前，整理上衣，仔细地摘掉身上粘着的毛绒线头，随后回到等候的走廊。

　　"您是那位记者先生吗？"身后传来一个友善的声音。我转过身，看到的是位穿着连帽卫衣和运动鞋的男人。

　　"我是弗朗克·普什林，这位是我的同事施特芬·罗士曼。"眼前这位梳着短发的年轻男士介绍道。他身后另一位男士向我点了下头。同样穿着连帽卫衣和运动鞋。"请您跟我们进来。"我站起身，把信息手册放到小桌子上。

　　走廊左右两边的办公室里坐着看起来严肃但很友善的同事，他们敲击着电脑键盘。这时阳光透过窗子照射进来，我们前面的走廊充满金色的光线，之后光线随着阳光的移动又消失了。

　　"请进，"普什林为我打开房间的门，房间里有一张桌子和简单的电炉灶，"您请随便坐。"看起来有几个地方可以坐下，但我想了想该坐在哪里，一时间还不好决定。最后我挑了离门口最近的一把椅子。万一我想逃跑，或者不得不跑呢。

　　"您打算写一本关于Tor网的书？"普什林也坐了下来，把两只手握在身前。

　　"是的，您会把我关起来？"我问他。

　　"当然不会。"他大笑着说。他的同事没有笑，而是严肃地看着我。"这是个不寻常的话题，有点特别。"他接着说道。

"您常使用 Tor 网吗？"我提问，并拿出记事本和笔准备记录。

"我们不用 Tor 网，"弗朗克·普什林回答道，"我们调查搜索的对象基本是黑客和卡盗者论坛。那些是销售盗来的信用卡平台。"我点头并做记录。

"他们是怎么盗取信用卡信息的？"我问。

"例如用钓鱼链接，"普什林的同事说道，他坐直了身体，"可以发送邮件，邮件中包括一个链接，它看上去就像是某个熟悉的网店或者银行。这种通常都是随邮件发送，一旦收件人点击链接，就会被要求输入账户或者密码。"除此以外，黑客还会通过攻击银行或者网店的数据库从服务器盗取信息。

总警官弗朗克·普什林和施特芬·罗士曼警官在汉诺威州犯罪调查局第 38 部工作，负责"无关事由搜索"。普什林是罗士曼的上司。两人都是虚拟犯罪调查官员，专业出身的计算机专家和黑客，如今是活动在网络中的警察。由于地下经济（Underground Economy）涉及金额巨大，在刑事警察科和检察院设立了专门部门，为了打击激增的"利用互联网为作案工具"的诈骗案件。对付网络中的黑客和诈骗犯需要深入了解背景知识，尤其是信息学和编程，还要掌握网络俚语和语言知识。以上都是虚拟犯罪调查警察必须具备的能力。

"我们在平台上搜索，如果不知道那里怎么进行对话，那我们就出局了，"罗士曼介绍说，"必须掌握所监视人使用的俚语。也就是说，我们自己编木马程序，看它如何运行，都需要什么，程序怎么进行。如果有人来提问，我们什么都没有，也不懂怎么回答，那我们调查员的身份很快就会暴露。我们不希望这样的事发生。"

"我也遇到过这样的困难。"我对两位讲起在"丝绸之路"和其他各类论坛遇到过的问题。

"然后呢，后来有没有成功？"普什林关切地问道。

"还不算顺利，"我回答他，此时我感觉自己像一个糟糕的调查员，正向上司汇报自己的工作情况，"我还没钓到什么人。也许他们觉得我的想法太蠢笨，或者是我提了错误的问题……"

这时有人敲门，一位年长的官员走进来，他微笑着指着那边的小灶台。

年长官员：我进来稍微热一下我的汤会不会打扰你们？

罗士曼：当然不会，您随意就好了。

"您要先观察其他用户怎么讲话，"罗士曼建议我说，这时炉灶上的水壶咕咕地响，"通常观察要花很长时间。您要仔细看他们都在交流什么信息，还要找出里面使用的缩写。紧急情况下也可以直接提问，但不要性急。如果问题提错了，那大家立刻会发现不对劲，随后所有人关闭消息。"罗士曼讲述道。普什林说："然后您的名字，平台上的昵称，就火了。"

"如果我长时间不说话、不发消息会怎样？"我继续问。

"那也会引起注意，"罗士曼说，他伸手去拿刚才放到桌上的水杯，"管理员，也就是网站的站长，会起疑，他会说：'我发现网站上有太多不活跃的账号，现在我要清人了。'然后这样的账号便会被删除或者移除论坛。"

"这时您会立即发消息，还是怎样？"

"要发消息，"罗士曼回应我，"只是如果论坛有准入条件，那会对我们造成困难。有一些论坛要求在进入前先上传非法材料，为了证明你是可靠的用户。我们在州犯罪调查局不能做这样的事。法律不允许我们这样做。还有的论坛要求先出示发出过的一定数量的消息，以证明曾参加过此类交流论坛，之后才允许进入。"普什林讲道。"不过这样未必能达到预期目的，因为有人可以无数次发同样的消息。”

　　“还有一个美国黑客论坛，要求完成管理员发的家庭作业。作业内容是回答和证明你都会什么技术。之后，如果仍然被拒绝，那确实是恼人的事。”罗士曼又举了一个例子。

　　“那会要求您必须会做什么？”我问道。

　　“例如攻击某个系统……”罗士曼回答。

　　“这也是您不允许做的事情。”我猜测道。

　　“您说得对，我们不准做非法的事。”

　　“回头见。”那位同事端着汤慢慢地向外走。他小心翼翼地端着冒着热气的汤，味道闻起来好像是一碗肉汤面。他尽量夹紧胳臂，不让汤晃荡出来，到了门口换成一只手端住碗，另一手去开门。“好胃口哦！”罗士曼说完转过头，手上摆弄着帽衫上帽子两侧的绳带。

　　“那关于‘丝绸之路’和类似的网站呢？网站的规模大小重要吗？”我又继续问。

　　“规模不是重点。即便是像‘丝绸之路’这种具有影响力的网站，传统犯罪重点也并不在那里，而在普通网络中。只要在传统和可公开进入的网络中的犯罪数量没有减少，我们的工作重点就不涉及深网。但这也不意味着我们不使用 Tor 网。大多数时候，为了补充现有搜索和查找特殊链接时会进入 Tor 网。”

　　“仅一个盗用信用卡的网站就够我们忙碌的。每天有上千的用户登录网站，那里也出售毒品。”普什林讲，“不过从技术的角度讲，存在的障碍比较小，网站上的许多用户并没有多少技术经验。而这正使其成为犯罪高峰地。”

　　“想做成生意未必需要完全匿名。在普通网络中他们的生意进展也相当成功，根本不需要 Tor 网。”普什林补充道，他让我看他记事本中的一页。在"目前在线"一栏中有上百用户的名字。普什林肯定地说："这纯粹是个非法交易网站，而且不是唯一的此类网站。"

"诈骗类犯罪显然已经将重心转移到网络中，"罗士曼告诉我，"这类犯罪每天都在进行，并不仅在 Tor 网。大多数人选择利用普通网络——在那里也能注册一个账户，用普通货币交易或者选择使用比特币，也完全可以使用假名。"

"在 Tor 网中侦查是不是更加困难？"我问两位警官。

普什林思考了片刻："这样来讲吧，确实比在普通网络中困难。但如果 Tor 网调查是必要的，也就是那里的需求增大，以及罪犯向深网转移，那我们会采取而且必须采取行动。到目前为止，罪犯更倾向其他途径。"接着他说，"而目前来看，我们就保持处理手上的现有工作。"

我知道普什林不会表示涉及 Tor 网的工作过于困难。检查机构处于政治压力下必须保持运行有效性，这点没有例外。我也了解自从 FBI 事件以来，也有相应的技术手段和途径，包括在 Tor 网调查的途径，尽管与传统警察事务相比，虚拟犯罪调查取得的成果还屈指可数。巴伐利亚州犯罪调查局也表示，从 Tor 网抓捕毒贩需要长时间在网络中观察他们的各种活动并拦截他们的消息。

"允许您使用键盘记录器吗？例如实时记下键盘指令，以便制止罪犯实施犯罪行为。"我问道。因为在 Tor 网也许可以这样做。

"不可以，"普什林回答，"从法律角度讲不允许。与对手不同，我们必须遵守法律规定。因此，例如我们设计的木马，到目前为止都不如罪犯编制得好。"

"这并不是说我们在技术上不够好，"罗士曼解释说，显然带着骄傲的口气，"而是因为我们的程序基于法律规定不允许完全不可探测（Fully Undetectable）——技术上不能且不允许完全不可发现。如果我们不遵循这一原则，我们也不会比那些也不遵循原则的人做得好，他们在此类技术上会投入比我们更多的财力。所以在这类平台上，我们主要根据语言和具体违法行为进行调查。"

"也就是说您的工作其实相当不轻松，是这样吧？"我努力用谨慎的措辞。

"可以这样讲。不过我们也有虚荣心。那些从事违法活动的黑客和卡盗者总认为，他们在技术上把警察落在身后几个光年。那我们就要努力工作，证明给他们看事实恰恰相反。这就像被唤起的运动员的雄心和志气。"罗士曼回答说。

"总的来说，调查工作确实不轻松。但是我们也有自己的独家策略。"普什林补充道。

"……关于这样的策略，您一定不想在书中讲述……"我完全理解并帮他把话说完。

"……不想说，也不能说。"普什林又接着我的话讲完。

"听起来总是这样……"

"怎样？"

"故弄玄虚喽……"

普什林：我们并不是故意要对媒体保密。

我：我知道。不过实际表现总是如此。

普什林：如果我们泄露内部秘密，潜在的罪犯有可能买了这本书并了解到：以后要这样或那样做会更好。我已经指出，我们在工作中准备了一些目前我们的对手还不了解的策略。这些信息就已经足够了，不是吗？

我：好吧。我理解您的顾虑。

普什林：我们可以针对您的提问再介绍一些我们的工作，以便您能更好地理解……

我：这样当然好。我不会剽窃任何内容。

"Tor 网到底是好还是坏，怎么评价这种技术？"我提出一个棘手的问题，这也是我一直纠结的问题。

"我认为互联网给予每一个人同样的规则和空间。我们在这个空间内活动，作为数字通讯的参与者。所谓的规则中也包括掩饰身份的途径和方法，例如 Tor 网或者 VPN 服务器。但并不是每个利用这种方式掩饰身份的人都会做坏事，"罗士曼讲述着他的观点，"使用 Tor 网的用户当中，也有在各自国家不能登录自由网络和没有自由言论机会的人。有了 Tor 网，他们不再感觉受到完全压制。但在最糟糕的情况下，这样做有被监禁或者面临死亡的危险。"普什林点头表示同意。

"我一直支持临时储备信息存储，因为作为实践人员，我认为本可以侦查许多犯罪行为，"罗士曼继续讲道，"有人一再提出反对的论据，即这种形式的信息收集会唤起国家的贪欲，从警务人员的角度我不能理解这种说法。只有当我鉴别出犯罪者身份时才会唤起我做警察的贪欲。如果我不愿履行存储信息提供者的义务，我还是有机会作为互联网参与者：换个地方上网，利用 Tor 网或者不在欧洲或德国的 VPN 服务器。"

"您会希望 Tor 网为您的工作提供便利吗？即如果情况紧急，能帮您更容易找到罪犯。"我问他。

"走 Tor 网的后门，就是说通过警察部门，为调查开个独家介入的通道，这还真是一道难题。"罗士曼显然叹了口气，"当我想到那些视频和照片，里面是被关在笼子中的儿童，他们遭受野蛮的蹂躏的那一刻我确实希望有这样的后门。但要知道，这种途径也会被其他国家检察机构利用，而他们未必本着民主和自由发表意见的原则。"

他停下喝了一口水。"那针对 Tor 网表达个人观点的好人会陷入遭遇压制的危险，因为他们的身份可被调查。所以，我认为开后门的做法不是太有意义。"

普什林看了一眼手表。

"时间到了？"我问他。"是的，采访就到这儿吧，"普什林微笑着说，"您还要采访我的同事拉尔夫·布曼。"他提醒我。"我和他讲过，您今天过来。对于 Tor 网，我们更大的麻烦不是毒品，而是儿童色情产品。"他解释道。

两位的另一个重要的侦查领域就是儿童色情视频。普什林在电脑屏幕上输入一个名字，他编了一个程序，用来根据参数计算儿童色情视频数量。这种视频在口头语言中被叫作"儿童色情物"，同时这也是作案语言。

"布曼先生是该领域的专职调查官。他一定会解答您更多问题。"普什林简要地介绍了他的同事之后，便伸出手与我握手道别。

施特芬·罗士曼陪我出去，并将我送到进来时的走廊。在我们经过了地毯地面来到石质地面时，他的运动鞋开始发出吱嘎声。

"当您隐藏在这么一个论坛里并知道自己正在钓一条大鱼，那时的心情会不会很激动？"我问他。

罗士曼脸上露出难为情的微笑。"起初我很激动。在我到这里工作之前，我一直梦寐着能做这行。我在私底下看了许多公共论坛，为了给自己普及知识，这些东西是不能指望有人来教你的。可以说这一领域不容易接近，不过同时也具有无穷且丰富的乐趣。"

"我还想说的是，"在他以为找到了合适的时机之后开始犹豫，"我自己私下会用那些技术手段。弗朗克也会使用。为邮箱、服务器，包括整个硬盘加密。"罗士曼解释道，"在两边的辩论中好像我们始终扮演恶人的角色。活跃者和黑客会说：'你们就打算废除掉一切。'我们选择了做警察，因为我们并不想那样。我们不是情报局，我们只是针对犯罪行为进行调查，为此进行的监控不是完全无理由的。我个人认为，我们总被怀疑是件遗憾的事情。"

"您认为事实就像您讲的这样？"我问道。

"给人的感觉是这样的。"他停顿了一下，纠结着如何表达，"弗朗克和我两人，我们都是普通人。我们就像混沌计算机俱乐部的人一样也是计算机爱好者。作为普通人，我也不希望没理由地被监控。我想要捍卫我的权利和自由，就像正为此斗争的所有人。我所以去警察局，是因为这对我很重要。我想摆脱这一切争论。"

总体上讲，Tor 网是没有问题的，调查机构自己也是这样说的。Tor 网的使用不算频繁，并且在普通网络中也有犯罪交易进行。调查机构本身也雇用经验丰富的黑客和计算机专家调查像"丝绸之路"这样的网站。只不过他们基本不愿透露相关情况。事实是，调查工作进行顺利，要么采取传统方式，像巴伐利亚州犯罪调查局采用观察或者犯罪益智游戏的方法，要么具有一定的技术要求，像 FBI 对毒品交易平台的侦查工作。看来具体取决于调查官员及其职务设置，同时必须区分警察工作和情报调查活动。据普遍指责称，只有情报机构大量地、不受控制地调查和储存信息，而警局方面不做此类事情。无论如何，德国警察局不做调查工作。而事实表明，德国的警察行动也受控制，程度甚至强于任何调查机构。

"好啦，"罗士曼耸了下肩膀，"那……我们有机会下次再见，"他又想起来说："祝您一切顺利！"随后门打开了，一阵寒风吹了进来。

毛毛虫的建议

国家和检察官如何对待匿名性

爱丽丝离开茶话会之后，她迷路了。兔子和疯帽子在茶话会上尤其友好，甚至把茶都斟出了茶杯。他们还庆祝了非出生日——尽管爱丽丝从来不知道还要庆祝非出生日！

尽管如此，始终有种感觉，或者是个疑问。客套话都只是假装的吗？他们是想用计谋骗过谁吗？希望对方足够单纯？对方确实是足够单纯的人吗？

在我去过联邦州犯罪调查局之后也有如此感受。为什么他们不但不指责 Tor 网，反而在保护它？这是他们使用的策略吗？

当我和黑客们谈论这件事时，他们毫无例外地睁大眼睛，甚是吃惊。从官员那里听到这样的评价，是他们万万没有想到的。就像我一样无法相信。

自从斯诺登泄密事件以来，美国国家安全局将 Tor 网视为威胁已是众所周知的。虽然为实现越来越隐蔽的链接，美国情报局为 Tor 网的发展提供了资金，例如为了支持叙利亚的政府反对派和实现军队及海军的反窃听交流。据说美国国家安全局也试图控制 Tor 网的出口节点。以上来自前情报局雇员提供的内部材料。

我无法解释联邦州犯罪调查局官员对 Tor 网的正面评价出于什么计策和理由。这些人显然是专业人员，经过最好的心理培训，并且有很高的智商。不过爱丽丝也不笨，她知道区别谁是厚颜无耻的说谎者和谁表示真正的关切。不像联邦犯罪调查局，联邦州犯罪调查局不在语言上抨击"丝绸之路"。由于联邦犯罪调查局选择无视我的请求，我则继续向汉诺威检察院求助。为了知道在实践中会接触网络匿名性的官方对匿名性的看法存在多大不同，我在表面网络找到一位资深专家——多年从事虚拟犯罪调查和处理其他由数字世界带来的各种问题——汉诺威最高检察官迪特·考赫海姆（Dieter Kochheim）。

由于迪特·考赫海姆这期间正在写一本书，我决定把我的问题用邮件发给他。这样他在时间上会更自由。首先让我感到惊讶的是，他的私人邮箱是普通的，完全没有加密的。

在邮件中，他回复我，说他对问题有不同看法。几年前有位同事告诉他，据说在匿名服务器技术监控中，发现约 80% 的数据往来都与犯罪活动有关。"对于匿名性以及 Tor 网的争论，我怀念曾经平衡的视角。"他在邮件中写道。

"关于网络犯罪的报道，给人的印象是刑事侦查只是偶尔会取得成功，"考赫海姆继续写道，"无论如何都不能让人们认为调查机构对此束手无策。"调查机构和官员面临着各种阻碍和困难，因为这块更多的还是灰色区域：规则在那里，只是很少有官员知道何时及怎么利用这些规则。

虽然虚拟犯罪在数量上还不及传统犯罪，但具有极强的政治轰动性，因为无论是普通公民还是事件受害者，都不知道该如何有效地保护自己不受网络攻击，大多数人对此都显得软弱无能。"人们害怕，但却又不知道该如何改变现状，"考赫海姆在邮件中写道，"例如，他们会想：在自动提款机前我要小心一点，输入密码时要用另一只手挡住键盘，这样输入的密码就不会被偷拍下来。"这都是徒劳的："现在就有一种针孔摄像机，可以安装在密码键盘下方进行拍摄。对于这样的手段，银行终端机的键盘罩和防窥膜也起不到有效的保护作用。"然而一些小的举措也还是会发挥保护作用的："谨慎的网上浏览，不轻易泄露个人信息，使用各种智能网上安全装置能够大大降低风险。"

我想起上次去联邦州犯罪调查局，因为考赫海姆提到的也是卡盗者，就是盗取信用卡及银行账户信息并在网上出售，其他人购买了之后可以直接用盗取的信息进行消费。Tor 网中也有卡盗者，但主要集中在美国。德国信用卡信息更多出现在普通网络，而不是 Tor 网。专家解释，美国信用卡大量被盗用的原因是美国对数据保护相对松懈，人们对这类敏感信息的重视还不够。然而从一定角度来说，德国人的重视度也不够。

施特芬·罗士曼曾对我说："当我想象到我们和卡盗者了解到普通百姓对技术的理解程度，我会感到极其失望。作为计算机专家，根据我平时处理计算机问题的经验可以猜测到：当你看到大多数人如此草率和无知地对待个人信息时，一切都已经是显而易见的。"

"我们需要匿名化的方法，"考赫海姆写道，"通过这些方法摆脱国家肆无忌惮的监控，以便能够保障言论的自由！"这种追求本身没有任何问题。"立法也明确给予匿名性以合法性。从政治角度讲，我们在全部领域都需要像 Tor 网这样的匿名服务器。"最高检察官是这样认为的。

考赫海姆还指出："不存在将运行和使用 Tor 网视为犯罪行为的禁令或规定。判定软件运营商作为同谋，为用户实施犯罪提供前提条件，需要软件在其基本特点中必须包括帮助犯罪实施的特征，例如，在软件的广告中，公开宣传该软件能够帮助实施犯罪行为。根据目前的评价来看，运营商只涉及作为入口提供者，而并不为传输内容负相关责任。"

接着他又补充："有一次，我公开严厉地斥责流氓软件运营商，接着有个年轻人与我联系。他说他在儿时遭遇残忍的割礼，导致现在不得不接受生殖器整形手术。他在网上记录了整个过程。如果没有像隐藏服务这样的匿名服务器，那他就不会有勇气面对眼前的生活。在阿拉伯和世界上许多其他角落，有人不能像在我们这里一样自由地表达他们的想法。"考赫海姆不得不考虑这些情况。

关于 Tor 网的使用和不足还需要彻底的讨论，这样做是有必要的。"任何事情都不可能只有优点或者只有缺点，"最高检察官在邮件中提到，"就像我刚讲述 Tor 网的好处，同时也有负面的消息和调查结果，像 Tor 网被卡盗和儿童色情产品等犯罪利用，以及用于在僵尸（Zombie）和傀儡牧人（Bot-Herder），也就是僵尸网络（botnet）的建立者之间传递信息。"

我：您能讲得再具体些吗？

考赫海姆：原则上我不能泄露这些信息，这涉及我的调查结果。凡是认真对待手头工作的人，包括我和其他调查员，都不会允许告知您关于调查过程的任何细节。

我从联邦州犯罪调查局官员那里得到的也是同样的回应。没人会透露关于 Tor 网中虚拟犯罪侦查的细节。

我：我知道下面的这个问题您可能不愿被问及：到底有没有可能抓住隐藏起来的匿名罪犯？

考赫海姆：有些孩子虽然长大了，但他们提问题的方式总是让做父母的生气。父母不想说谎，因为孩子总有拆穿谎言的那天，不过他们又不能做到完全坦诚。我们这么来说吧：罪犯总会留下一些痕迹，依据这些痕迹，并且在一定条件下可以抓住他们。

我：一定条件？

考赫海姆：揭穿匿名犯罪需要花大力气。只有在大案、重案上才值得这么做。

刑事侦查员之间已经流传一些内部想法，关于如何开展这类调查。考赫海姆对此表示："我认为方法行得通。"Tor 网的薄弱处在于公共设施。如果对每个用户都开放使用，那么就可能遇到出于恶意的用户，他或者滥用匿名服务达到非法目的，或者是出于破坏匿名服务的目的，这对 Tor 网是"一个挑战"。

司法机关要打击互联网和深网中的犯罪行为，就不可避免地要采用普遍的储备信息存储的方式。没错，我会希望警察卖力工作，但同时我也不愿无故受到监控。

考赫海姆反驳我说，在德国，储备信息存储遵循明确的规定和严格的控制，与美国国家安全局做的完全没有可比性。"必须明确，刑事侦查机构绝不会肆意收集信息和监控公民，"他还提到，"斯诺登事件之后，经常讨论的实际是那些做得过分的情报机构：像美国国家安全局不遗余力的做法，还包括一些私营经纪公司。"

在联邦州犯罪调查局，我得知一位年轻的检察官，听说他在虚拟犯罪调查领域做得"非常好"。我决定再听听他的看法，于是我坐上火车，一路向北。

与法学专家对话总会是一段特别的经历。我在这里并不是想评价某事。当爱丽丝在森林中漫游时，她听到不知从何处传来的低语声——有人在自言自语。没过多久她看到一只毛毛虫趴在那里，吸着烟，悠闲地向空气中吐着烟圈。"你好。"爱丽丝向他打招呼，扯着裙角优雅地向他行礼。"是谁呀？"毛毛虫答应着，慢慢地抬起上半身。

爱丽丝有点迟疑，她想了想，还没等开口却先咳嗽起来，因为那些烟圈。"我叫爱丽丝。虽然这确实是我的名字，但经常会被人叫错！"

毛毛虫明显觉得她太天真。也许确实还天真，因为到目前为止，爱丽丝还没见过会说话的毛毛虫，不知道他还会吸烟。无论如何，这位严肃的先生认为爱丽丝的介绍不太合适。爱丽丝的解释和回答过于笼统且太过简单。毛毛虫教爱丽丝，首先自己要理解所讲的话。黑客和律师都善于分析，在这点上，两者有许多共同点。火车窗外飞过一个蓝色的牌子：费尔登。

火车在站台停下，车门打开了。

费尔登是个小城市。大多数时候，这个小城都显得默默无闻，仿佛一座沉睡的古堡。不过，这对于一个只有 2.5 万人口的城市再平常不过了。

弗朗克·朗格（Frank Lange）实际上还相当年轻，没有明显的白发，眼睛也平静、有神，充满关切。可以说，他的眼睛并不像一双执法者的眼睛。

"请进。"他点头示意我，并展开手臂欢迎我进到他的办公室，"很抱歉，我们约见的时间比较紧凑，不过我认为还是和您见一面更好。"他坐到办公桌后面，身边堆满了书籍、案卷，还有一扇窗子，灰色的金属百叶窗静静地垂在那里。

"关于 Tor 网，这个问题终究是个政治问题：自由和安全权利的界限在哪里？"他开始进入正题并在他的电脑上敲着什么。

"这个问题我也没法回答。我思考了很久。我想要自由，但我也需要安全，即便通过法律没带来什么进展。我还是寄希望于能逮捕罪犯的调查机构。"

弗朗克·朗格点点头。"问题就像这样：作为公民，我希望享有自由。这种要求是正确并且合理的。就像在现实生活中，谁也不想把身份证件挂在脖子上让每个人读到，所以也不能要求人们在互联网上自亮身份。另一方面，在生活中还有一种合理利益：警察和检察机关会进行检查和监控。在互联网中也是一样，针对具体的事由。"朗格说道。

我的圆珠笔芯用没了。"用这支吧，"朗格递给我一支新笔，"因为我们没有储备信息存储，"他继续说，"我们就必须对被盗者讲：很抱歉，我们会抓住那个盗窃团伙。但是他们没有留下任何痕迹。以前，电话通信记录至少还能为侦查提供点线索。不过因为不再允许储存通话记录，我们经常无从下手。您也许可以设想刚遭遇了入室盗窃的人听到这些会做何反应。如果事情发生在自己头上，他是没法理解侦查者的无能，即便他之前多么强烈批评过信息存储和监控。没有人会严肃地禁止储存案发后犯罪现场留下的痕迹——像 DNA 和指纹。"朗格认为："一定可以通过最小化的信息储存，保证信息痕迹。"

我：那些批判者不愿意听到这样的论述，说指纹或者 DNA 痕迹都不能与电信通信信息相比——通过信息是先被储存并在事后检查，况且相对来说不会对所有人进行指纹采集。

朗格：另外，在相关讨论中令我恼火的是，只担心出现压制性的国家监控，而不去考虑现在所做的事情由于存在的缺陷而为互联网中的犯罪分子提供了其他可乘之机。在互联网中建立相应的储备机制，例如储存 IP 地址，从政治角度讲，仅在有限形式上是可行的。

"但这已经可以作为一种证据。"我说。

"并不是那样，因为只有拿到法官决议，我才能获取此类信息，而只有涉及重大案件并且我们能说明该信息对案件审理有直接作用的情况下，才能得到法官决议。"朗格解释说。这与最高检察官考赫海姆及联邦州犯罪调查局官员向我强调的相符。"选择在互联网不公开自己身份是普遍情况——这与虚拟犯罪有直接关系。昵称、假账户、假的个人信息，每个人都有权利这样做。否则我们就像把身份证挂在脖子上，人人都能轻而易举地看到。此处适用的原则：不禁止即为允许。"

"在 Tor 网则不同，在那里您几乎没有机会获得用户的信息，是这样吗？"我问道。

朗格稍微思考了一会儿。"关于我们在 Tor 网掌握的技术，我暂时不能谈及。不过在我看来，Tor 网本身还构不成刑法上的困难——完全匿名性操作的烦琐技术还是有效地控制了进行犯罪的人数。部分原因在于，许多罪犯缺乏实际技术和知识，他们只是将传统犯罪例如毒品交易转移至互联网中。还有一部分原因，是匿名服务器普遍受限的网速导致一些犯罪分子对此失去兴趣。"

"虽然网速比较慢，但他们也受到相应保护。"我试图解释。

朗格摇头说道："在现实生活中也没有原则上的禁止伪装，犯罪分子也会选择隐藏他们的作为。这时就要取决于技术可能性和刑事侦查员的创造性。"

我：怎么进行犯罪侦查？假如我叫"krimi-nell"，在脸书上建了一个主页。

朗格：您可以把脸书主页想象成一个公共的布告栏，警察会时不时从那里经过。在网上，这叫作无事由搜索。

我：我在网上用假名掩护卖东西。

朗格：警察可以有目的地最多全天 24 小时地观察您在脸书上的动态。侦查普遍附加条款允许警察进行短时间观察。每次长时间观察，也就是您的脸书真正被关注，必须经过法院批准。

我：批准之后呢？

朗格：之后，警察受检察机关的委托，对叫"krimi-nell"的脸书主页进行监控。

我：实际上，我的脸书账户只是用来转移注意力的仿造物，我用另外的名字卖东西，叫"krimi-nell-72"——在 eBay 上卖偷盗来的物品。

朗格：警察当然也允许在 eBay 的商品中搜查，以发现哪些可能是赃物。这时采用的也是无事由搜索。

我：然后您的搜查有发现，我们假设发现了上千部手机，就好像这些手机同一时刻从货车上掉下来。

朗格：就像我们可以给您的房东打电话，询问您存放赃物的房屋是谁的，作为虚拟犯罪侦查员，我们要问 eBay：这个账户是谁的，eBay 对于有明显倾向的目标人物都掌握哪些信息？这叫备用信息情况。

我：在技术上，我也可以完全绕开或者掩饰这些问题……

朗格：在某些情况下可以。为此，我们需要确定犯罪者确实有留下犯罪线索，以便在这样的情况中有证据和踪迹。这时储备信息存储必不可少。不过，对于无事由存储的时长还是可以讨论的。作为国家检查人员，我们认为 3 个月比较合适——我们也会遵照此规定工作。

采访结束后，弗朗克·朗格送我到门口。天色已暗，楼道里只有进入法院审理前检查旁听人和媒体工作者手提包的金属探测器还亮着指示灯。

我想作为一天中最后的客人会得到护送的待遇。一位狱警嘴里嘟囔着什么，听起来像"您好"或者"再见"之类的。随后他离开小接待室，抓起外套，好像他就等着这一刻，终于可以下班了。

"我不建议禁止匿名服务器，或者要求为刑事侦查设立强制进入，"朗格在临道别前对我说，"那样只会导致技术的以及立法的竞赛——这不是我们希望发生的。"

　　他与我挥手告别，关了灯，锁上门。法院说来也是个奇怪的地方，闻起来总有种旧报纸的味道。

　　私底下，我设想在对话中会听到对互联网的指责。但我听出的，是作为司法人员在这样的争论中会很快变得炙手可热。涉及储备信息存储和官方问题，许多活跃分子可不是善意的对手。

　　爱丽丝离开毛毛虫时，她得到了两只蘑菇做礼物。一只可以让她变大，一只可以让她变小。我心想，虽然不饿，但包里装着蘑菇总是好的。谁都不知道下一秒会发生什么。我在叫她："快走，爱丽丝，我们继续向前走。"

　　她又观察了一会儿毛毛虫，然后转过身，消失在一片蕨类植物中。

咬上一口蘑菇

落网与谋略：情报机构与调查方法

"在一次调查过程中，国外同事成功进入 Tor 网并侦查破获迄今为止全球最大的团伙，涉及 25 000 千名娈童癖者及 200 万张儿童色情图片。联邦犯罪调查局观察发现，网上儿童色情物提供者利用 Tor 技术隐藏身份，并试图删除交易内容以反抗调查。"——联邦犯罪调查局局长约尔格·齐克（Jörg Ziercke）。

如果在 Hidden Wiki 搜索相关内容，会很容易找到祸水妞（jailbait），即未成年少女，以及专业在深网贩卖儿童色情的组织 Hard Candy。

以下来自维基百科：

Knastköder 的英文解释：口语表达，用来形容看起来比实际年龄显老的年轻人。这里有可能指因为对未成年人进行性骚扰而受惩罚的人。

如果在网上搜索这个关键词，会出现大量的娈童、虐童等视频。Tor 网和 Wiki 中也不例外。

Tor 网最大的匿名托管服务器 Freedom Hosting 服务器被 FBI 控制，以及公司创始人埃里克·约恩·马奎斯（Eric Eoin Marques）落网的事件在媒体中传播：这是在"丝绸之路"前对隐藏服务不可攻击神话的第一击。联邦犯罪调查局与 FBI 联手，据说也与美国其他情报机构，例如美国国家安全局合作，打击 Tor 网的托管服务器。尽管埃里克·约恩·马奎斯一直声称，只是提供了平台，他的这种自由想法听起来与乌尔布莱特的"丝绸之路"很相像——马奎斯的初衷是为所有人提供存储空间，不排除任何内容或者说无须内容审核。当 FBI 截获服务器时，在提供最大的存储空间服务器和深网网页上，发现大量儿童色情视频及照片。

显然，马奎斯认为，在深网做他的网站和资料交易平台——其中一个最有名的叫"洛丽塔的城市"（Lolita City）——非常安全且万无一失。隐藏服务迄今都被视为不可触及并能有效地保护服务器位置。在媒体中，暗网这个概念通常用于指代 Tor 网中的洋葱网站，而马奎斯的则有些不同：马奎斯运营的资料交易平台只保障那些通常自己嵌入色情资料的入口——作为入口前提准备和运营商保障。这类暗网是"可靠的"且不可发现，马奎斯在这里运营着他的地下数字帝国，躲过情报机构，并始终隐藏在安全处，直到黑客组织"匿名者"出现。

虽然该黑客组织也做非法项目，但他们视那些色情资料为眼中钉，最终马奎斯成为整个组织的敌人。在 2011 年秋天的一次分布式拒绝服务攻击（Denial of Service）中，即 Dos 攻击源码，"匿名者"攻击了视频服务器——黑客在僵尸网络中同时关闭了许多台向服务器发送请求的计算机，直到服务器超负荷并不再可用。这次行动可以理解为给马奎斯的警告：我们要把你赶出这里！"匿名者"在这次打击儿童色情的行动"Operation Darknet"中发现：存有约 100GB 的 40 个资料交易平台在攻击的负荷下暂时下线。马奎斯的网络空间自然也受到牵连——虽然人们无法准确说出有多少平台和网页涉及儿童色情资料，但目前现存的资源显然，它们被娈童癖者一再地利用着。

在 Tor 软件网页上，用户捍卫隐藏服务，他们指出：原则上来讲，技术本身是中立的——人们既不与马奎斯及其服务器产生任何关联，也不支持其从事的交易。安德鲁·路易曼（Andrew Lewman）是 Tor 网软件前领导人之一。Tor 网的核心领导人，即开发团队成员有：安德鲁·路易曼、罗杰·丁格勒戴（Roger Dingledine）、尼克·马修森（Nick Mathewson）、保罗·西维森（Paul Syverson）、雅各布·亚佩巴姆（Jacob Appelbaum）、凯伦·赖利（Karen Reilly）和梅丽莎·吉洛伊（Melissa Gilroy），以及扩展至全世界范围内的一些其他成员。路易曼是其中的组织者。"我们与刑事侦查机构合作，因为我们也不愿看到像自由托管服务这样的服务器。但目前事实是，那些使用我们服务器的犯罪者正沉迷于各种各样的可能性，而最终一步步将自己送入监狱。"路易曼称。"我们有意愿与所有官方机构对话，向机构解释我们所做的和为什么这样做，包括情报机构和警察局。我们也许已经与全世界所有已知机构有过交往，"路易曼明确表示说，"这样做是出于我们的本意，免得官方机构带着特警队去拜访中继服务器的运营者。"

在"匿名者"攻击行动后不久，自由托管服务做出反应——网站显示状态"正在进行维护"，即因维护而暂时下线。同时，它经由 Java-Skript，向所有想获得资料而点击网页者传送恶意软件。该软件自动安装到网页浏览者的电脑中，收集 IP 和 MAC 地址，也就是马奎斯潜在用户的 IP 信息和位置。最后这些信息被发送到位于兰利的服务器。那里也是美国中央情报局的总部。因此，很快黑客圈和 Tor 网用户中便有人们猜测这是 CIA 使的诡计。那个恶意软件叫作"零日漏洞"（Zero-Day-Exploit）。零日，即零时差，在这里指软件绝不会事先安装，并且它会如初见时是全新的。这是一款出自兰利的软件。

朗格告诉我，一切要取决于刑事侦查员的创造力。他还说："我们有绝招。"

主打绝招之一是叫作蜜罐（Honeypots）的系统。蜜罐就是用来吸引蜜蜂的——蜜蜂则是那些待缉拿的人，破坏性黑客、罪犯、资料交易平台的顾客。除了打击犯罪以外，有各种不同的蜜罐系统。电信局也用蜜罐，为了查找谁在攻击网络，把握整体形势。总之，蜜罐是在 Java 中加入破坏脚本，并立刻在 Tor 网软件主页上出现安全警告，同时，不同的计算机和技术媒介报告消息，说网络有安全漏洞，因此网络不再是不受破坏的。可以想象，这样的情况会像流言一样传播开来，因为如今网络中的这些小漏洞会使人们怀疑使用的网络总是会有各种安全漏洞。"当然人们会说网络不可能确保百分之百的匿名性。"Tor 网项目运营方莫里茨·巴尔特这样说道。"但我们补救速度快，能在发现漏洞的第一时间搞定它，"安德鲁·路易曼强调说："几乎不耗费什么时间，发现了漏洞，随后在所属火狐浏览器中排除。""因此，我们猜测 Java 脚本总会被破坏。"路易曼补充道。

情报机构也利用蜜罐系统，这点毫无疑问。像格伦·格林沃尔德最初想用斯诺登的文件证明的那样，美国国家安全局和英国情报机构政府通信总部（GCHO）不仅监控互联网，他们还参与网上活动。"能读取信息的人，同样也能够写信息。"互联网专家萨沙·罗伯在博客中写道。正因为这样，监控构成民主的基本威胁。像文件所指出，情报机构也针对个人和企业——不仅仅针对恐怖分子。情报机构在网上推送邮件、图片和视频，为了有目的地进行个人诽谤。

其中，在某情报机构内部展示的报告中，有 10 页详细介绍情报机构如何利用伪装或者蜜罐系统。格林沃尔德在他的在线杂志 *The Intercept* 中专门介绍会有目的地篡改博客评论或者脸书消息，为了将目标人物"排挤出组织"。例如，通过向相关网页或者干脆利用儿童色情网页引水，或者通过"涉嫌色情话题使之陷入难堪的境地"。以上段落内容出现在展示给五眼情报联盟（Five Eyes）的全部五个情报机构的报告幻灯片中。"蜜罐是一个极佳的选择和方法，"内部文件中称，"自从第一次成功以来，它是一个伟大的系统。"

除了针对不受欢迎的积极分子和嫌疑人物外，还涉及公司：这些公司可能被"通过有针对性的攻击搞垮"，"通过中止正在进行的或者已达成协议的交易"，英国情报机构政府通信总部在其报告中这样介绍。此外，还会假借记者的头像和邮箱，为了利用他们的身份与现有好友和粉丝联系。隐藏机构是为了有目的地影响政治性网页和网上舆论，通过主动参与——而从不暴露这一切行为背后操作者的身份。格林沃尔德的文章并没有说明以上情况已经实施还是属于未来的计划，但他随后又登载了一次已经完成了的行动：通过连接互联网核心的光纤电缆，英国情报机构政府通信总部成功地对维基解密用户 IP 地址实时监控。情报机构将监控系统命名为 ANRUCRISIS GIRL。美国军队在 2008 年宣布，维基解密以及朱利安·阿桑奇的团队"为美国人民的敌人"。随后行动的截屏显示，情报机构依据 IP 地址实时地掌握来自哪个国家的什么人登录了维基解密网页，为了所谓的"摧毁网页背后的用户网络"。

情报机构这样做的动机明确，并作为结论呈现在英国情报机构政府通信总部之前仍保密的报告开头部分："此监控系统会让那些偏执狂们再次抓狂。"英国情报机构以诙谐的口气赞扬着这项技术。

监控系统也显示了成效：从 Tor 网用户以及 Tor 的公共表现来看，监控系统的持续有效性不容否定。尽管长久以来大部分安全漏洞都被排除，像"匿名者"的攻击行动仍然会被再次利用。对于依赖网络匿名性的用户来说，每次对 Tor 网的攻击都是敏感的。这在于事件的自然属性。互联网的"普通"用户也越来越多地趋于妥协、放弃和恐惧。在写这本书的过程中，我经常听到互联网用户的无奈："总之现在在网上什么也做不了。"或者"他们到底想我怎样"。这些声音来自那些不得不忍受国家安全机构监控的人。

尽管如此，刑事调查机构一致表示：儿童色情视频是 Tor 网中最大的威胁，远超过毒品、武器和雇用杀手。对于网络儿童色情物及其传播，我还安排了几位专家采访。

透过镜子来看

深网中的色情物及其传播

从心理学角度讲，每个人心中都有从恶的欲望，像一颗魔鬼埋下的种子。这不仅是公认的理论，还是部分的现实写照。拥有欲望只是问题的一方面，更重要的还要看具体是哪种"欲望"。

SPD联邦议员艾达提（Edathy）的事件通过手机和电视在公众中传播。媒体试图穷尽所有途径，将这个男人曝光在公众眼前，媒体文章中提到的都是调查过程的机密内容，但通常在审判前这些细节都被保密：在搜查他的住所时发现的图片，关于他的性癖好的调查文章——长达数页的深入其私人生活的猜想和推测。他看了色情内容，但这样的行为并不构成犯罪。

人们不必为艾达提和他（可能）的行为辩护，这是为了证实：拥有这类资料的人会受到社会排斥，甚至被完全地排除出去。

"事情就是如此。"拉尔夫·布曼叹气道。他是汉诺威警察局的刑事警官、色情犯罪部专员，专门负责"儿童色情物"犯罪的侦查。他在介绍和讲述中经常会停下来，思索自己的所言。"罪犯主要利用 Tor 网迟缓的属性，即带宽小，不适合下载数据。他们害怕受到社会关注并因此想保持身份信息的隐匿性。法律惩罚是一方面，犯罪分子实施犯罪往往并不受制于相应的惩罚，"布曼解释说，"在这种情况下，罪犯清楚地知道：一旦这些东西外传，警察到我家搜查，邻居也来观望，我就完蛋了。这种自身和人际中的恐惧是强烈的。我们必须要看到这点。"

布曼性格开朗并且富有同感心。原本他打算做纯技术性的"谋杀案件侦查"，但却在 1999 年偶然地经原同事引荐进入色情犯罪专案部门。"当时部门需要一位懂计算机知识的人，"布曼对我说，"我懂技术。另外我的同事说：'来吧，拉尔夫。有了你，我们一定会有很多突破。'"

"最初我根本不接触任何资料和人，"布曼解释道，"也不允许接触。如何真的要直接接触，你会感到非常不舒服。你必须要很努力地尝试。"他停顿了一会儿，"如果需要接触某个发现的调查对象，必须要像对待一个中立的对象。就像人们会哭泣，会内心扭曲或者有过盛的表达需求。这些都是严重噩梦的典型现象，"布曼说，"有些人的表达方式有点不一样。"

布曼继续说："使人感到不舒服的并不是挂在网上的图片，而是视频中的喊叫声。当听到有人喊和叫，会导致听者内心的痛苦感。"我还想知道施暴者和受害者之间如何对话。"施暴者由始至终都是在命令受害者，也就是孩子，"他补充说，"他们要怎么坐着，摆出什么姿势以及怎么叫喊。"他继续讲，"那些孩子忍受疼痛。当施暴者强迫孩子肛交时，咬紧你的牙！之后的画面相当残忍。"他的话音不由得降低。

布曼努力地将自己隔离在外——情感上。否则他无法从事犯罪侦查工作。只有在同事们当中才感觉自己可以透口气——因为内心的所有感受和痛苦都不能也不想向其他任何人倾诉。"我一定不会回到家在晚饭席间和家人讲所有的工作细节。"布曼略显无奈。当然也不允许那样。

布曼和他的同事每周要从数据处理组取一次硬盘，就是扣留的存有相关资料的存储设备。分为类别 I 和类别 II，即内容恶劣且详尽的，或者内容不那么恶劣和详尽的。"在案件处理范围内，我们也亲自到被告住所搜查，"布曼介绍，"和这些人首次接触时的感觉很特别。数据处理组将在硬盘、U 盘和其他储存媒介中找到的资料与数据库比较：我们有没有相关资料记录，例如在联邦犯罪调查局是否有过登记？所有的未知资料，即没有在警察部门数据库中登记的材料，要经过专人评估。这是件非常棘手的任务，也是件累人的工作。"布曼坦诚地说。"因为每一段视频或者图片背后都是摧残儿童的事实。不容忽视的是，事实上，我们不仅要像媒体中所写的那样，将资料分为类别 I 和类别 II。我们还要区分儿童色情、青少年色情和性心理变态资料。"他继续介绍。上述后者属于"类别 II"。类别 II 的图片虽然不受法律惩罚，但性心理变态意味着这些资料明显会引起"性兴奋"。布曼认为："这里隐含的目的是明确的。并且片中的儿童或者青少年很可能也是出于被迫。"因为资料本身不受法律惩罚，犯罪者会利用这一点——在此方面也要进行劝止。"社会不该容忍其继续存在下去，"布曼坚定地表示，"但始终没有打击的措施，因为没有人真正近距离接触这些资料。当谈到这类话题时，人们表现的也是避重就轻，说不到重点。"

布曼不能估计调查员一共获得了多少资料。"我们没有相关数据，各个情报机构刑事调查的资料不根据 Tor 网或者数据来源分类。"他说，"我想说，得到的总数应该都是一样的。"

布曼表示，他的工作与 Tor 网调查没有任何关系，他说："我们的电脑上虽然安装了 Tor 服务器，但从来没有用过它。"

他了解 Tor 网技术，然而也仅是了解。像在网上收集图片和视频这样的工作由"无事由搜索"部门来做。但该部门也没有提供资料数据。

弗朗克·普什林在采访中告诉我，警察部门的数据库中存有 27GB 的视频和图片。但又补充说，这些是近几日在 Tor 网搜索出的资料量。

专家们对于娈童癖者利用暗网、交易平台或者匿名网络的事实不存在争议，只是无法对他们的活动定量——这还取决于犯罪者掌握的技术。"显然犯罪者已经有一定技术意识，人们不再交换 CD，而是几乎都在网络中分享和传播这类资料。如今没人再使用谷歌搜索。"布曼调查员解释道。

专家们认为，犯罪者绝大多数选择更安全的暗网。迪特尔·克海姆（Dieter Kochheim）在他的新书《网络犯罪、信息和通信技术刑法》中写道："他们将交易平台作为文件共享技术与 Tor 网技术结合。"

"暗网中没有可被黑客利用的入口和出口节点，也没有这样的中央目录服务。黑客必须以平等权利的身份进入暗网，"克海姆在书中介绍，" 黑客的直接联系对象可以向远程电脑主机传递下载，这其中不建立直接联系。"因此这种建立在"可靠联系对象"上的封闭网络被认为十分安全，并且很难侦破。克海姆认为："从外部根本无法侦查到暗网。"

我自己在 Tor 网中找到贩卖儿童色情资料的网站：Hard Candy。恋童癖者在该网站上变态地意淫邻居家的孩子，或者德国著名演员蒂尔·斯威格（Till Schweiger）的女儿。Hidden Wiki 背后到底隐藏了多少图片和视频？对此至今没有明确数字：因为①观看此类图片和视频本身就是违法行为，而且②观看者要承受巨大的精神创伤。我又询问了对此有所了解且偶尔必须要观看资料的专家——弗朗克·普什林。

我：普什林警官，我在网上看到有十几个遇害的孩子，还有在您电脑上经过像素处理的照片。我无论如何都无法直视那些视频。为了能让读者大概了解视频内容，您能否告诉我们视频大概的内容？

普什林：最简单的概括？

我：是的，请您用最简单的语言概括视频内容。

几天之后我收到他的回信。"叫作 Daisy's Destruction（摧毁迪诗）的视频最具有代表性。"普什林说。

　　此处提示：以下内容是调查官对"摧毁迪诗"视频中犯罪行为的事实描述。由于内容过于残忍，编者全部删除，请读者谅解——编者注。

"当然，如果 Tor 网能实现这些资料相对安全的传播，那这是个严重的问题。"在我与他谈及来自 Tor 网的这类资料时，布曼试图评价说。"但是还可以从另外一个角度讲：没人会说电信公司要承担责任或者受到惩罚，因为有人会利用电话或者通信线路进行或者约定进行犯罪。因此也不会要求废除电话。"他坚定地说。

"我认为，这也完全是我个人的看法，在这里不能指责 Tor 网的运营商和开发者。如果有人从事犯罪，无论在什么地方或者利用什么媒介，为其行为负责的永远是他自己，同时他也会恐惧导致的后果。"匿名并不是魔术，而是社会存在的合法需求。这点是不容忽视的。

"当我又读到美国国家安全局收集了上百万条短信息时，我会说这与我有什么关系？我没有什么要隐藏的秘密。"布曼说。稍停顿一下，他又说："不过这是出于我作为警察的看法，而不代表我作为普通公民的想法。从公民的角度，我的看法完全不同。"接着他补充道："对于储备信息存储，他与其他同事观点一致。我没有兴趣向一位母亲解释没有找到折磨她 12 岁女儿的罪犯是因为没有数据。"布曼明确表明观点，同时他不想再谈论这个话题。

为了再次尝试获得一个数字，我向刑法学者阿恩德·洪奈克（Arnd Hüneke）求助，他正在为"WhiteIT"网做一项研究，即儿童色情资料出自哪里。也许，他对与 Tor 网相关的犯罪更加了解——这里的犯罪到底是多还是少。我通过联邦州文物管理局联系到洪奈克，尽管这样的联系途径看似比较蹊跷。不过，他确实调任到那里做研究员，同时负责行政管理等事务。他主要是要"确保良好的科学实践"。洪奈克是一个客观、务实的人。我们见面后就直接进入正题。

我想与他谈谈几乎每篇关于 Tor 网的文章都会提到的那些耸人听闻的故事，而所有这些文章都企图解读"暗网中的故事"。这些故事多少让我们看到，区分政治事实和没有数据佐证的假设事实有多么困难。从中还可以看到，并不是所有听上去真实的事情都必须是真实的——因为其背后也许还有令人激动或者会引起轰动的故事。

就像有些说法，例如在 Tor 网可以"订购玩具——儿童尸体，那些被挖去眼睛的性玩偶"。这个故事也说明，匿名掩护下遇到的不仅有高尚或狭隘的人，还会遇到许多爱胡思乱想的人，我们在非匿名状态下不常遇到这种人。那些人认为，只能私下谈论他们的阴谋，他们选择 Tor 网，否则有可能被"跟踪"。然而，各种说法到底来自他们个人的阴暗想法还是来自某些官方机构，我们无法判断。除了暴力，在平台上最多出现的内容是外星异族——不仅有出现在罗斯威尔、新墨西哥的，还有"美国政府"中的。此外，还涉及秘密武器和联邦政府的纠葛。Tor 网中的经历可以被形容为与瑞士作家埃利希·冯·丹尼肯（Erich von Däniken）和 N24 电视台共度的下午。但是，如果你选择进到魔怪酒吧，就不该惊讶于飘来晃去的地狱天使。

在网上搜索很久之后，我终于找到上述故事的出处。一位用户在 Tor 网中用德语描述的"洛莉塔奴隶玩具"（"Lolita Slave Toy"）故事。阅读以下内容同样需要强大的精神承受力，否则还是建议略去这部分。

有一位东欧的外科医生从马路上抑或儿童福利院"收养"、收买或者"收集"女孩子，长达 10 年之久。这些女孩被带到一栋秘密别墅麻醉，之后她们的四肢在关节处被截肢。

在骨关节末端拴有金属环，为了"随时随地把奴隶固定或者吊起"，网上用户这样写道。在手术之后，会训练她们顺从、听话，通过性虐待和折磨。"最后，她们根本不知道自己是谁，完全听任主人命令，什么都做，彻底变成了奴隶。"如果外科医生觉得"奴隶"已经"准备好"，他会通过激光程序把她们弄瞎，再用强回声波将她们致聋。之后，她们就被作为"洛莉塔奴隶玩具"以 3 万到 4 万美元卖给那些变态的浑蛋。

上面的故事着实恐怖。但在进行无事由搜索时通常会关注这种论坛，大家都认为这些是臆想出来的故事，为了制造恐惧并以此赚得利益。"这类东西看得多了，"论坛里会这样评论，"不过上面的故事有点过头了。"能看出来，在深网中活动的一些人有多么变态的想象力。在这样一个人人都可以隐匿发表言论的匿名的世界里，有真相也有谎言。只有数字不会说谎，或者几乎不会说谎，或者有时候也会骗人。无论如何我都需要一个准确的数字。

"您好，洪奈克先生。"我接通他的电话。"您好。"电话那头传来他的声音，他正在就儿童色情视频做一项科学研究。

"洪奈克先生，有一件事我不能理解：像 FBI 或者联邦州犯罪调查局这样的机构，说 Tor 网是色情资料首选的传播途径——换句话说，这纯粹是句口号而已，只能带来疑惑。Tor 网及其匿名性只是儿童色情犯罪问题的一部分吗？"我问道。

洪奈克思考了片刻后开口说："我们这么来说。我们认为，像暗网这样相对安全的论坛和匿名软件为资料交换提供了便利。"他客观且极其冷酷地说。洪奈克认为这里还不是交易，如今对现金流控制得相当严格。"基本上，我们在匿名网络中发现有娈童倾向的罪犯，但还不能将专门的传播途径与某种犯罪相联系。我们只能说，有相当少的罪犯利用技术知识，像 Tor 网、暗网等封闭访问者团体，将新的资料提供到传播路径中。"洪奈克解释。

"也就是说，许多人没有技术知识？"

"显然是这样的。只有很少数罪犯掌握技术，"他继续讲，"绝大多数还是利用传统的交换平台，像可见网络中的平台。"

我在显示器上浏览他的研究："也就是与我们设想的相反，Tor 网本身不构成很大的问题？"

"从数据显示来看，可以这么说，"洪奈克解释说，"首先，那里几乎没有案件发生。另外也很难接触那里的人。我们掌握的数据会有浮动，当然这也只是明域数据。"

"明域数据是指？"我问他。

"就是说在暗域里，那些我们完全接触不到的人——那里在数据上会有很大差别。因此也很难得出结论。"他解释后停顿片刻，"我们初步判断，一小部分掌握技术的罪犯利用 Tor 网和匿名手段提供新的资料，之后进一步扩散到其他地方。资料也就从少部分人的隔离区域移动到可见网络，最终保护了那些拍摄资料的犯罪者。"

洪奈克在他的犯罪学研究中发现以下儿童色情资料的传播途径：27% 的犯罪者从可见网络中获取资料，而可见网络的监控已经非常严格，如进行相关概念搜索，会立即引起怀疑。虽然原则上不会通过搜索结果监控某人，仅靠搜索结果还不足以确定监控，但是在网上搜索相关概念已经有可能受到惩罚。洪奈克认为："原则上，有目的地搜索儿童色情物已经构成为自己寻找儿童色情资源的企图。"1.4% 的资料来自"封闭访客团体"，也就是暗网和 Tor 网中的网站。绝大部分，即资料的 50% 来自交易平台。

洪奈克认为，交易平台的那些资料已经不够新。"因此，我们猜测，最新的资料在暗网中的安全地方，也就是很小范围的可靠群体能进入的区域，之后再进入可见网络。这是可以想象的，因为制作资料或者与资料制作人保持联系的犯罪者通过匿名软件和暗网作为掩护，将资料存入外部很难接触到的地方。正是在这样的区域储存着残暴资料，通常不会随便暴露这些资料。"因为交易平台通常不够安全，用户的 IP 地址很快会被追踪到。对于 Tor 网也一样：不仅开发者会警告不要在匿名模式下访问任何交易平台，其他专家也认为，除了整体加载速度慢以外，还会在用户无意识下一并发送数据包。

在联邦政府 2012 年的"儿童色情物清除报告"中提到交易平台，相关内容如下：

"联邦犯罪调查局在报告期间共计处理了 6 209 条涉及儿童色情内容的指示，其中有 5 463 条指示被传递至各互联网服务器。传递的指示中有 76% 涉及国外主机，24% 为国内主机，746 条指示不能传递出去，原因是服务器使用 Tor 隐藏技术而无法获得其地址。"

……

"对于 89% 的国内主机内容，联邦犯罪调查局收到指示，最晚两日后清除内容。一周后清除比例达到 98%，最迟两周后 100% 清除相关内容。"

……

"2012 年，联邦犯罪调查局从接到指示到服务器完成清除的平均处理时间为 1.26 天。"

进一步解释：Tor 网并不像其偶尔表现的那样，会带来较大麻烦，但是占可疑内容 12% 的比例，也就是 Tor 技术掩护而不能追溯的那部分也许已经足够确保新的儿童色情物的补给，同时实现为犯罪者提供匿名性。就像所有人对此都选择闪烁其词，也就是说，传播涉及得越深，实际情况就越复杂。我们想找出明确的态度，看来根本不可能。

我决定让自己先抛开 Tor 网这个话题，去想点别的事情。

事实是存在两类用户：一类以网络积极人士为代表，我理解他们为争取公众自由而进行的斗争。另一类则是大多数公民，他们在某些情况下根本不需要这份自由。他们不坚持争取自由权利，也不期望完全的匿名性。

对此我们要有严肃的态度，同时也要意识到，在民主的环境中要由多数决定他们想要什么，并且做决定的只有多数。

运营商和积极人士强调，人们对 Tor 网这一技术不该持有偏见，即便没有 Tor 网，犯罪活动依然存在；没有 Tor 网，网犯罪分子依然会进行犯罪。但是另一方面，加密和匿名性确实也帮助他们抹去痕迹和掩饰违法行为，这也是不可回避的讨论。不过又不能说犯罪者会首选匿名技术，并在匿名网络中找到类似安全港湾的家园。然而不得不明确表示：我主要在 Hidden Wiki 中发现相关资料，但在此之外有更多相关网页存在——被追踪者也许没有主页，他们只是利用这一通信途径。找到他们就如大海捞针，即便想搜索，也找不到切入点或者关键词，要从哪里搜起呢？我必须努力找到其他网站。

在讨论中，在我为了写这本书而不断进行的搜索中，在许多次采访中，总有什么东西使我越发担心被监控，我总是怀着紧张的心情，尽管并没有发现被监控的事实。我的女友在与她最要好的朋友通话时说："他会慢慢变成偏执狂。"而这里的慢慢又怎么理解？

自从我给美国的几位专家打过电话，并公开地表示我写这本书的出发点和立场，我就不断地保存手稿，然后发给汤姆，以便在他那里也有备份。我又把手稿分别保存在我的出版社工作邮箱中以及其他不同地方——电子版和刻录到 CD 上，甚至会把它们藏起来或者只给人看拷贝的部分，看过之后还要保证对方归还给我，因为我害怕这些稿子会被无意夹杂在其他东西中。最糟糕的是，我明明知道自己都是在无意义地担心。

卢克·哈丁在他的《斯诺登事件》一书中写道，当他在巴西约见格伦·格林沃尔德并进行采访时，突然冒出一个叫克里斯的人。克里斯试图说服哈丁和他一同游里约。哈丁马上想到对方一定是特工，他最好配合，同时他给妻子写信："美国中央情报局已派人跟踪我，不过他很快被我识破了，就像对那些不见得更好的俄罗斯人一样。"随后他的手机失灵。

在接下来的几天至几周内，哈丁电脑上的手稿神奇地一点点消失，像有只魔鬼的手在删除这些内容，一行接着一行。直到有一天，哈丁开始给监视他的人留消息："我接受任何批评，"他有意地写进文稿中。"不过最好能让我先把我的写作完成。"虽然他这样做，但文章还是消失了很多部分。最后他干脆不再写下去了。

现在我正面临哈丁的处境。我没有写关于斯诺登的书，但我总感到自己被监控。我在通电话时会开玩笑，我说："嗨，美国国家安全局。"和特工们打招呼，把笑话翻译成英语说给他们听，目的是能处理好一切——知道自己并不是独立且独自在做事。一天傍晚，我收到来自Tor 网团队中安德鲁的邮件"没有比试图掩饰自己目光的人更容易吸引索伦的魔眼"，他在用《指环王》来暗示我。

> 那些认为自己没什么事情需要隐藏的人，要意识到：有没有要隐藏的不是由被监视者决定，而是取决于监视者。——汉斯·冯·德·哈根（Hans von der Hagen），《南德意志报》。

你怎么了，发生了什么，爱丽丝？

"什么事也没有发生，"爱丽丝站在我身边，倚靠在墙上，削着一个苹果，"一切都只是臆测，没有什么是真实存在的。"

"从什么时候起你开始讲话了？"我问她。

她并没有再回答我。

柴郡猫

保护数据就是保护受害者——若依赖匿名性

从一开始，爱丽丝就不应该离开家，跟着那只兔子一路跑到这里，这是一个多么愚蠢的想法。爱丽丝心想：这里都是疯人。她用手拨开面前横着的树枝：所有人都疯了，继续下去我也会疯的。

电话铃响了，比约定时间晚了 30 分钟。我移动鼠标，关闭了邮箱界面，我的电脑屏幕上的小洋葱熄灭了。

"您好，巴尔斯先生。"我接起电话。

"您好，这会儿来电话没有打扰您吧？因为我比约定时间来电晚了。"

"一点也不会。"我回答。因为我与许多黑客圈子的采访对象都会用"你"相互称呼，于是我谨慎地向他提出是否也要以"你"互称。

"我还是喜欢使用敬称。我更习惯这样。"他尽量委婉地回应我的提议。

这样，我就彻底把采访开始的气氛搞砸了。

"啊！"

"怎么了？"巴尔斯关切地问。

"我的脚踢到了桌子腿，因为我不适宜的提议使您尴尬了。"

"并没有。您不用担心，并没有影响我们的交谈。只是我有过一些不好的经历，所以我现在会比较谨慎。我们刚刚的对话没有任何令人不快的影响。您说您从来不关调制解调器？"

我：您为什么这么问？

巴尔斯：因为您几天来使用同一个 IP 地址。这样来说吧，您用的应该是六代机器，连接在您的内部网络上。我从其路由器导出内部 IP 地址为 192.168.0.1。

我：……

巴尔斯：我仔细观察了您请我接受采访的那封邮件。来自谷歌的邮箱地址，您之前是沃达丰（Vodafone）用户，再之前可能是 Arcor 运营商用户，并且使用 DSL 电话线拨号上网。

我：从外面就能看出这些信息？

巴尔斯：是的。

我：您还看出了什么？

巴尔斯：您总是用同一台电脑发送邮件——是一台笔记本电脑吧？使用 Windows 7 操作系统，而且您的邮箱系统也不是最新版本，您一定要更新软件了。

我：您知道的比我自己还要多。我有定期更新，包括浏览器。

巴尔斯：从我所能看到的信息，以及我对您软件偏好的了解，可以推测，您使用火狐浏览器和用 Acrobat Reader 阅读 PDF 文件。如果我真的对这些感兴趣，那我会给您发一个我做的网页链接。您作为记者的身份对您的信息来源是个潜在的威胁，他们会想和您交换轰动性的消息。

我：这不是采访该有的合适的开场白！

巴尔斯：为什么不合适？

我：不过——这是个伟大的开场，对我来说是经历过的最恐怖的感受！为什么在我们正通话时，您能看到我电脑中的信息？您攻击了我的电脑？

巴尔斯：并没有。我只是从您的邮箱软件随邮件地址发送的信息中看出的。好吧，您想说您使用了加密，但是尽管如此，还是可以看出谁在与谁联系，以及从哪儿发出的信息。也许您偶尔会使用 Tor 软件？

我：我用 Tor 网——只是我刚好暂停了 6 天。

克里斯蒂安·巴尔斯领导一家协会，叫作"MOGiS e.V. - 声援事件受害者"。他争取政治认可和性暴力受害者保护。他被公众所认识，是因为几年前他反对当时讨论的网络封闭。

我：您也使用 Tor 软件吗？

巴尔斯：当然。而且频繁使用。

我：用它做什么？

巴尔斯：在政治话题上，作为政治积极分子，这些话题十分敏感，这时匿名性就很重要。例如，当有人参加辩论，我想搜索这个人到底是谁，这时重要的是不让对方知道我访问了他的网页。如果不在匿名状态下，他会根据我的 IP 地址查出我的身份。

我：听起来就像您的初衷不可告人，并且有要隐藏的事情……

巴尔斯：并非如此。实际上对每一个进行搜索，或者长时间关注一个话题的人都很重要，尽可能不立即被反追踪——无论是访问相关网页的警察，还是不想立即暴露身份的政治积极分子，也许他们只是在收集信息。即便作为记者还是普通个人，不到处留下搜索痕迹都会是一个优势。

我：好吧，作为记者确实如此，如果我需要进行调查并秘密搜索的话。但作为普通个人要怎么讲？

巴尔斯：这很好解释。如果您患有抑郁症或者某种传染病，您在网上搜寻相关信息，您希望这样的操作被储存并进而被保险公司获悉吗？

我：听起来有点偏执。真的会到这种程度？

巴尔斯：首先我要问，您经常谈到 Tor 网中的色情视频……

我：经常会谈到。

巴尔斯：……现实是这样：Tor 软件为那些犯罪者提供机会，使他们不被发现地提供这些视频。但是同时也使得受害者在述说过去时始终是匿名的——讲述自己的经历和痛苦。也不会随随便便被陌生人跟踪至家门前。

我：好像所有事都和 Tor 网有关，包括被追踪者和抗议者。他们对软件的评价大多都是正面和积极的。

巴尔斯：性暴力受害者不愿自己的过去曝光于公众。尤其是在他们事先没有给予允许的情况下——也就是完全从受害者角度出发。

我：非常理解。

巴尔斯：但数据保护不是加害者保护。涉及儿童色情视频，数据保护则首先是受害者保护。

克里斯蒂安·巴尔斯在儿时曾受过性暴力伤害——被侵犯过。因此他的话语更加有理有据。他带领自己的协会关注受害者。虽然他不提供生活问题咨询，但在政治上全身心地投入受害者保护和帮助，以便他们不被遗忘和忽视。"如果受害者来找我，我们会帮助他们在一定程度上走出过去的阴影。我们提供的不是心灵治疗。我们需要在政治上给予强大支持的积极分子。"

解决这一问题还存在困难，对于受害者来说，他们受伤害的身份已经内化。"我有两个选择。要么满足于受害者的身份，要么起来回击。

我选择后者。我不想仅仅扮演一个受害者的角色。"巴尔斯坚定地表示。

我：作为受害者会不会像我们经常听到的那样暗示自己：生活对我很不公平，迄今为止我经历的都是倒霉事，而且还会继续下去。我被不幸笼罩。生活不会有什么改观了——您理解我这里指的是什么吧？

巴尔斯：事实也是如此。如果我为自己设定了受害者的角色，为自己的身份和处境下定义，我也会说像您讲的那些话，然后社会给予我同情。但仅仅是同情而已。

我：也就是说，我永远都是受害者？

巴尔斯：没错。永远是受害者，获得同情。因为我有过糟糕的经历，但是除了同情我没有其他任何收获。其他人，整个社会看待我都是一个受伤害者，一个孤立无援的人，一个值得同情的人。我们其实不仅需要同情，我们更是拥有完整价值的人。如果有这样的人出现，他本身强大并要求以恰当的方式接触受害者，那同情感就会渐渐淡去。

我：如果受害者不再抱怨而转为进攻，并想要重新成为普通人，这会使人感到不习惯。

巴尔斯：您说得太对了。有时，受害者被剥夺了恢复正常生活的权利。

克里斯蒂安·巴尔斯在闲暇时间学习了很多计算机知识。他也是名黑客。不像西蒙，他很少承认自己的这个身份。尽管如此，我始终认为是巴尔斯"攻击"了我的电脑。

克里斯蒂安·巴尔斯讲过自己的经历，他度过了一段艰难的时期。他的话是可信的：作为性暴力受害者和政治积极分子，他变得小心、谨慎——在选择接触对象、措辞表达、信任别人的话方面。克里斯蒂安·巴尔斯不太愿意相信他人，他宁愿自己去了解。为此，他会一整天地阅读，研究欧洲政治。他不满足于做简单的回答，他也不愿这样回复各种问题，因为那通常与信任有关。信任是他最"不情愿"做的事。

我：巴尔斯先生，虽然我不愿提这个问题，但是我必须得问：您受过性暴力伤害？

巴尔斯：是的。您可以安心地提问。我没有刻意隐瞒这段经历的想法。

我：经常说被侵犯者在事情的发生上也负有责任——事件的同谋。

巴尔斯：确实这样。

我：这要怎么理解呢？

巴尔斯：如果事情发生在家庭里，那会有知情人。如果父亲利用信任关系侵犯女儿或者儿子，那母亲会知情。

我：然而她选择视而不见？

巴尔斯：有时不是视而不见。母亲完全供出自己的孩子，她们听任丈夫的需求，只为保障自己的宁静生活。

我：这种情况下，难道妻子不也是无助的受害者，他们没有反抗丈夫的能力？

巴尔斯：根本不是那样。例如，有些妻子会利用女儿吸引丈夫，把他留在婚姻及家庭中。另外，女孩子是性侵犯和强暴的主要受害者的说法也有谬误。未成年的男孩同样经常受到侵犯。无论如何，我不认为大多数受害者是女性。

我：因为您本身的性别关系？

巴尔斯：也许是。但也涉及普遍情况。

巴尔斯认为，有必要查询法庭审判案卷。"往往一起案子会涉及很多犯罪事实，会从中挑选一些给法官，以便其对案子有概括性了解。其他的犯罪事实则记录在审判案卷中，装在棕色信封里。我想说，经常都是拿涉及女孩的犯罪行为来陈述，因为更容易引起关注。但在公众认知中，受到性暴力伤害的男孩往往得到的认识不够。"受犯罪者侵犯的经常是年龄很小的男孩。联邦议员艾达提事件（拥有从加拿大提供方获得的儿童色情图片）说明：拍摄者放到网上的视频确实多数涉及男孩。

巴尔斯：艾达提事件牵扯到敏感话题。首先，我们要看到，用这些资料使人丧失信誉是多么容易和有效的方法。混沌计算机俱乐部提醒用户，不要无限制地信任数字证书——因为可以伪造证书。

我：其次呢？

巴尔斯：其次，艾达提事件还说明，被认为对此类资料感兴趣的人如何消失在联邦议会圈，他本人又多么无力辩解。我想先讲讲在我反对网络封闭时经历过的事情：我作为性暴力受害者反对网络封闭。而美国规模最大的儿童保护组织之一却通过政治游说和各种论据，主张尽可能在欧洲贯彻网络封闭。因为，如果想在美国实施封闭，那拿欧洲已成功实施来做例子会更加容易。这就是当时的计划。

我：后来事情怎样了？

巴尔斯：在咨询结束前，我公开表达了我的看法。之后，我突然在我的推特客户端收到一个发来的链接。链接经过缩短处理，只由几个字母组成。如果不想显示完整的链接，通常会这样做。链接包含一条指令，我必须马上打开。

我：您点击了链接？

巴尔斯：当然，我当时没有任何顾虑。那个链接直接把我带到虚拟的带有敏感词的谷歌搜索引擎上，带我去搜索色情图片。另外还设置了选项，在谷歌滤掉特定图片后关闭——这就好像我确实搜索过色情图片。我立即通知我的政治伙伴们，并把这件事写到博客中——我相当恐慌，担心矛头都指向我。

我：因为搜索行为是违法的？

巴尔斯：是的。作为受害者经常会听到："从受害者变为加害者。"当然，这是一些个例的泛化，也是无意义的胡言，但同时又有很强的破坏力。不过这就是公众的看法。

我：那个链接是哪儿来的？

巴尔斯：直到今天我也不知道。带有链接的消息之后就消失了，可能被删除了。我也不清楚。从那时起，我非常、非常缺乏信任感。可见，用各种形式的色情内容公开地毁坏他人名誉不是某人的专利。但是对曾经的受害者下手，而且设计得如此完美，好像搜索真的是我完成的。这样的手法确实非常、非常阴险。

我想起曾看到的情报机构的 PPT——虽然我无论如何无法相信那位议员先生要为那些资料负责，但是当情报机构将资料与某人联系在一起，对于其他有权势的参与者又会怎样？对于大政治利益集团和公关团体呢？这样的策略并非情报机构独有。我又想起关于朱利安·阿桑奇悬而未决的审理过程——强暴两位瑞典女性的嫌疑。事实确实是，施暴人无力辩解，即便他还没被终审判决。

我：巴尔斯先生，您前面提到信任——涉及加害人周围人的信任。我们能再谈谈这个话题吗？

巴尔斯：最糟糕的，是加害人身边总是没人做出任何反应。对于我本人的经历：曾经有这样一个男人，他关心和照顾我，总给我煮土耳其咖啡。我经常在他门前经过。他邀请我做客，我会跟他进到家中。没有人问过这个男人和这些孩子做了什么。邻居们不问，家长也不问。

我：这个男人对孩子们做了什么？

巴尔斯：他对我们进行了性侵犯。那些邻居一定听到或者看到过什么，但他们不介入或者也从来不问。没有人出来干预。

我：我们再回到所谓的同谋——受害者感觉自己也有责任。这种心理是怎么产生和形成的？

巴尔斯：性侵儿童的人首先与受害人建立一种关系，因为他们不想有人发现他们的作为或者计划。加害人经常知道自己的行为是错误的。例如，他们会对那个孩子更加照顾，给他讲美好的事情。孩子喜欢有人花时间陪他们，尤其是被关照很少的那些孩子。这个成人起先可能只是躺在孩子身边，之后与孩子会有身体摩擦或者抚摸，然后再继续发展下去。对于受害者，他们接触的往往是自己的父亲、母亲或者其他重要的关系人。这点不容忽视，施加伤害的并不经常是陌生人。

我：事后孩子会感到困惑？

巴尔斯：通常事后会有阴谋发生——父亲可能会开始哭泣。抱怨、哭诉，说他本不想这样，他不是个好人，他该进监狱。作为孩子，他不希望看到父亲这样。也许还会想安慰他，告诉他，他并不是坏人，事情没有那么糟糕。也许还想保护他，不让他进监狱。从某时起受害者就成了同谋——因为他们确实参与事情发生，甚至保护犯罪人。父母和老师总会教诲孩子，在这种时候只需要说"不"。但说"不"并不是一件容易的事情，而且，如果身边没有人能听到或者接受孩子发出的信号，那拒绝也没有任何用处。

"声援事件受害者（MOGiS）"协会的受害者一定熟知这些故事，各种版本的。巴尔斯认为，对于这些人，首先非常重要的是他们能向可靠的人求助。但是巴尔斯说没人用 GMX 客户端写信，因为服务器会读到信的内容。这些人要讲述的内容——也许他们只想有个人倾诉——其中部分讲述非常具体。"这时，他们不希望有其他人看到那些内容。"巴尔斯说。因此掩护地带不仅对 Tor 网中的毒贩很重要，而且对受害者也是一种保护，他们需要私密和匿名性。"我没有什么需要隐藏"这句话是"这是没有经历过伤害者的特权"，这位计算机专家总结说道。

巴尔斯：因此，数据链接对于刑事侦查员也很重要。这些数据是标准的，可以直接进行自动计算。处理语言或者具体的邮件内容需要花费更多精力。不过像您的邮件地址，已经能看出一些信息。为什么会这样？这些不可见数据也会泄露很多信息。在侦查过程中，要想到 Tor 有技术专业的管理员。他们负责关照"丝绸之路"、儿童色情等犯罪行为。服务器并不愿意为他们提供庇护。在所有重大案件的侦查工作上都可能与 Tor 服务方建立合作。

我：在 Tor 网和完全匿名的情况下可以进行刑事侦查吗？

巴尔斯：完全可以。只是人们不想把这种可能性昭示。默默地做有可能给自己带来麻烦的事，要比宣扬它的好处更合适。问题的关键是存在儿童色情产业，而相比之下，其传播途径并不重要。对于我来说，互联网与儿童色情没有任何关系。人们只是在想，因为儿童色情视频和图片貌似出自互联网，那互联网就是问题的源头。因为人们不想有根本的作为，所以会认为禁止 Tor 网是更佳的选择。人们想尽可能把这个问题排挤在生活之外。然而那些视频不是互联网造出来的，而是在真实世界中的某个角落拍摄的。真正的遏止应该是在那些拍摄地。

克里斯蒂安·巴尔斯解释说，通过我们之间的数据也能推测他的信息，尽管他本意并不愿那样——推测出他与一位记者交谈过，以及交谈过几次，在什么范围内，在什么时间和是否发送了数据信息，根据邮件大小的不同。数据加密并不是保密的，加密只保护内容。因此，如果涉及会引起轰动的或者非常私密的数据，就要保护这些数据不会落到他人手中。

巴尔斯：为此，我们需要匿名。我们此时可能也处于监视中。您在写一本书，并开始和各种计算机技术狂热者联络，又处在斯诺登事件之后。可以想象，如果其中有一个人在监视名单上，那么所有人都会被列入监视，包括您的女朋友。即便我们可能只是商量怎么盖房子，或者谁要搭谁的顺风车。

我：虽然这听起来很偏执，但我该怎么正确地保护所有人？

巴尔斯：仅靠 Tor 网还不够。必须把它与端对端加密法（End-to-End）相结合。因为从出口节点开始，所有内容就都是可见的。

我：真是好极了。

巴尔斯：怎么了？

我：我原以为已经做好了一切准备，而现在又听到您说"但是"。我感觉自己就像爱丽丝吃了第二块饼干，身体又缩小回去。

巴尔斯：可事情就是这样。

我：那是不是要在每次机密对话时关掉手机？

巴尔斯：首先，您已经发出明确的信号，您要做秘密和与阴谋相关的事情。其次，您的做法没达到任何效果。智能手机永远不会真正的关机。大多数人充电时不会关闭手机。此外，手机还有深度睡眠模式（Deep-Sleep-Mode）

我：是说手机只是深度睡眠了？

巴尔斯：当您买了一部新手机，从包装盒中取出手机，您有没有注意手机启动前程序要运行多久。那时手机是完全关闭的。与之后您手机的启动时间比较，您会发现，之后的启动时间短很多。这更便于使用，但手机会时刻发送像定位这样的信息。

我：也能通过手机话筒监听吗？

巴尔斯：理论上可以。智能手机有语音识别功能，在"关机状态"也能听到语音指令。

我：为什么会这样，是有人留着后门，为了要秘密地窃听我们吗？

巴尔斯：不是，首先是出于顾客的意愿。我们希望手机关机时，闹钟也会到时间响起。

我：手机关机起不到任何作用？

巴尔斯：起不到任何作用，如果有人真的想要窃听。

"尽管为色情视频所利用，但 Tor 网是祸亦是福。但更多的是福。"克里斯蒂安·巴尔斯说。长期以来，网络中的心理或者医学咨询都依靠匿名性：有嗜毒问题或者私人问题论坛、父母交流孩子问题的论坛、医学类匿名交流组。虽然这些论坛还不利用 Tor 网技术，也许因为太耗精力，但匿名性还是早就存在的，就如克里斯蒂安·巴尔斯所说，匿名性是网络中此类私人咨询的核心。

通过 Tor 网很难进行文件共享，例如，用于交换违法数据（速度过慢，不再有完整匿名性）。而且你永远不知道"对面"是谁，是情报机构、间谍、可信赖的商业伙伴，还是不可靠的朋友？

Tor 网的优势也体现在这里：个人数据不被收集，情报机构也不知道在与谁对话，也不可能接触到这些数据——如果你遵守所有规则，在浏览时不运行后台程序，有时甚至使用 Tails。交流可以受到保护，能够访问网页，而不留下任何痕迹。用户无须为普遍数据收集而气愤并礼貌地请他们离开。不过这样上网非常耗时。尽管如此，这个软件能提供稳定的保护。在这里就像在现实世界中，会有持不同利益的人聚集和见面。

迪特·考赫海姆曾解释说，只有当 Tor 网公开替违禁内容做广告才能追究其责任——但 Tor 网着实没有那么做。我更进一步证实了这个回答。Tor 网是没有问题的。它对我们是个挑战，但不是件坏事。克里斯蒂安·巴尔斯打开了我的思路：如果作为个人，我的信息被另一个人轻松侦破，就像他给我讲解的，事情会怎样？这说明数据保护更加必要。这不仅针对某些具体的情报机构，还包括预防违法黑客以及骗子。如果知道了 IP 地址，也就知道对方的住址，准确到以米为单位。在现实世界中，人们不会告诉任何陌生人自己的住址。在这层意义上，Tor 网为人们上了一道门闩。

那克里斯蒂安·巴尔斯呢？他是爱丽丝的柴郡猫——他为我打开树里的门，也开启了我的眼界。Tor 网不仅防御了情报机构，如果个人用户需要匿名性，它也是很有用的软件。

爱丽丝（胆怯的）：您能告诉我现在该走哪条路吗？

柴郡猫（微笑着）：首先要取决于你想去哪儿？

爱丽丝（抽泣着）：去哪儿都无所谓。只要我能走出这片森林。

柴郡猫：你一定会走出去，但恐怕你还得走很远一段路。走那条路会到疯帽子那里（他指着一条路）。那条——（他又指向另一条路）通向三月兔。去找你想找的人吧。这两个都有些疯狂。

爱丽丝：可是我不想再遇到疯人。我想回家。

柴郡猫：哦，这点你还无能力改变。你要知道，我们这里所有人都有些疯狂。我、疯帽子，而且包括你。

爱丽丝：您怎么知道我也疯狂？

柴郡猫：（打开树里的门）事实就摆在眼前。不然你不会进到我们的世界来。

扑克士兵

如果无辜者失去生命：抗议者和互联网中的战争

首先爱丽丝对突然的转变感到惊讶：树里的门，树枝是开门的操纵杆。真是奇特的门。当她走进去穿过树门，迎来了许久以来的第一缕阳光。周围都是树篱，她听到一首美妙的歌，前面有四张像人一样活动着的扑克牌，他们正在给白玫瑰涂颜色。"嗨，你们好。"爱丽丝和他们打招呼。他们并没有回应，爱丽丝小心地接近他们。

我的下一个问题是：像斯诺登一样的人结果会怎样——Tor 网的安全性有多高，如果真的要把生活乃至生命交付给这种技术，有人这样做吗？那些没有为人们真正认识的被追踪者是什么人？只知道他们有比接受媒体采访更重要的事。虽然可以理解，但是可以用大家所谈论的抗议者来为这种软件辩解吗？因为也许真正需要匿名技术的人并不多？也许是借口：你们看吧，我们在做好事。我们支持抗议者。没人能够检验抗议者的身份，因为他们必须保持隐秘，也许一切不过是场诈骗：也许真的有抗议者存在，也许只是 5 个为了躲避继母的人。我不知道事实是怎样。只要我还没有遇到他们，我就不会轻易相信。

我耸耸肩，非条件性地转身，看看身后站排的人中会不会有人偷听。"你想坐一等座吗？"我问爱丽丝，没等她回答，我就买了一张去柏林的车票。"没有你的票。"我对柴郡猫说并伸直食指，"你得待在这里。"之后我挤出人群，朝火车的方向走去。火车门关闭时就像奇妙世界里树门合上。前方就是阳光。

当爱丽丝穿过树篱时，她突然听到说话的声音。

"够了！总是把错误推给别人！"

"你就是太老实了！昨天我听女王说要斩杀你！"另一个声音说道。

"为什么？"先说话的那个声音问。

"为什么就和你没有关系了？"

"你们好啊。"爱丽丝一边喊一边尽可能跳得够高，为了让那几个涂玫瑰的扑克牌看到她。"你是谁啊？"扑克牌问道，他们惊讶地看向彼此。"我叫爱丽丝。"爱丽丝回答，并礼貌地向他们行屈膝礼。"你们是什么人？"她敏捷且礼貌地回问。"我们是女王陛下的士兵。"其中一个扑克牌士兵回答，其他几个士兵把他推到一边并向他使眼色。"你们在那儿干什么？"爱丽丝打断他们，指向灌木丛。"我们在给玫瑰上颜色。"站在后面的士兵回答道，当他回答时脸色变得苍白。

太奇怪了，爱丽丝心想，扑克牌士兵，竟然会有这种东西。

酒吧光线昏暗。透过门上狭窄的缝隙有香烟烟雾飘在柜台前，四方小桌和几把椅子，墙上是老照片和装饰画。书架上有许多著名的书籍，但看上去都有些老旧。一盏立式台灯，灰色的灯罩就好像是奥托·冯·俾斯麦（Otto von Bismarck）装上的。

史蒂凡·乌尔巴赫走进来。染发、有耳洞，从上到下看出他不是循规蹈矩的人。酒吧给人的印象是，这里聚集的都是过着无聊生活的普通人。但现象往往具有欺骗性。

"一杯无醇啤酒。"史蒂凡·乌尔巴赫点了杯喝的，满意地笑了。他选这家酒吧接受采访，感觉明显不错。"原本我没有兴趣与记者打交道。"他把两只手放到桌子上。史蒂凡·乌尔巴赫是位明星。他也没有想到会引爆媒体。"在过去一段时间里，我受到太多媒体询问，"他说道，头稍歪向一边，"让人头疼，尤其是大部分问题根本没有区别。"

我：那您为什么接受我的采访？

乌尔巴赫：我觉得这个想法很酷。一本关于 Tor 网的书，一本真正详尽并且做得很好的书，这点真的太重要了。

我：怎么讲？

乌尔巴赫：您自己还不清楚吗？

我：我心里知道，但同样的事情我想听您说。

乌尔巴赫：我能再要一杯无醇啤酒吗？

我：当然，我请您喝两杯无醇啤酒，含酒精的也可以；或者来杯鸡尾酒，之后叫辆出租车送您回家？

乌尔巴赫：无醇的就好。我更喜欢无醇啤酒。

我：好，听您的。您为什么说这本书重要？

乌尔巴赫：因为人们对身边发生的事情置之不理。我指的是计算机领域。也许是太复杂，也许是太枯燥。我们有斯诺登，但看起来没人对此有更多兴趣，好像什么都没有发生。没过多久就有了新的话题，生活一切照常进行。这简直令我抓狂。

史蒂凡·乌尔巴赫，互联网中的名字叫"tomate"和"herrurbach"——字母全部小写，他是资深银行职员，曾经在黑森州储蓄银行当学徒（实践培训）。在此之前，他在大学学习了德语和历史，并拥有了教席。这些经历仿佛已经过去了一个世纪。因为经济上的窘迫，乌尔巴赫离开学术界而转入其他行业，他先是进入了信息技术领域。

由于一次非常重要的事件，这位黑客及网络活跃者闯入媒体的视线——在 2010 至 2011 年阿拉伯世界的动荡中，他与国际黑客组织 Telecomix 联手，帮助反政府者相互串联，并直接斥责当时的埃及总统胡斯尼·穆巴拉克。乌尔巴赫的调制解调器自 2015 年起陈列在德国技术博物馆。如今乌尔巴赫会说："社会的自由度取决于其网络自由度——网络在这里指互联网、电网、天然气及水资源网络。"由于埃及事件，乌尔巴赫几乎一夜之间成为德国英雄——在国外同样受到追捧。

我：到底发生了什么，为什么你们如此声名大噪？

乌尔巴赫（喝了一口啤酒）：当胡斯尼·穆巴拉克由于持续的示威和抗议而提出"关闭开关"条例时，一夜之间，埃及人民的整个互联网被封闭了，面对这样的事情，我们在柏林的第一想法是：这绝对不可以！

我：一种罗宾汉精神？

乌尔巴赫：会有一点吧。但是我们多少知道现场的情况，我们在当地有许多联系人和朋友。当时我们认为，如果想做什么的话，那必须当机立断。封闭互联网就是宣战——向埃及人民、反对派，同时也包括我们。我们决不能接受他的做法。

我：你们和 Telecomix 一起做了什么事？

乌尔巴赫：我们检验 IP 地址是否还工作，事实是所有 IP 地址都被停掉了，没有任何反应。我们知道穆巴拉克已经封闭了网络。什么都不见了，就像电脑出现了白屏。接下来我们开始反击。

Telecomix 示例：

Telecomix
Sociocyphernetic jellyfish cluster

To whom it may concern – please distribute!

Due to the harsh internet blackout in Egypt, we are trying to establish all possible means of communications for you. We at Telecomix support free speach and free data transit, thus we created this dial up points. Please feel free to use them to get connection to the Internet.

Number	User	Password
+46850009990	telecomix	telecomix
+492317299993	telecomix	telecomix
+4953160941030	telecomix	telecomix
+46850009990	tcx	tcx
+331728890150	toto	toto
+46187000800	flashback	flashback
+34912910230	any user/pass	
+3908251872424	no auth needed	
+3909241962424	no auth needed	
+16033715050	any user/pass	
+4721405060	any user/pass	
+431962962	selfnet	selfnet

Please report at http://chat.telecomix.org anything you need regarding free communication and/this dial up connections.

We are providing a Telefax bridge to the internet for you to use.

This is how it works

1. You send a fax message to **+494038699239 (0049 prefix, Germany)**

2. We receive it electronically.

3. We remove all header lines which may identify your location.

4. If you wish, we will publish your message here on interfax.werebuild.eu (this webpage). To do this please write:

   PUBLISH IMMEDIATELY TO INTERFAX.WEREBUILD.EU

5. If you wish, we will forward it to any e-mail of your wish. Just write which e-mail you want it to. To do this please write:

   SEND TO XXX@XXX.COM (multiple addresses are also valid)

Please note: Fax is not a very secure means of communication. Your message can be intercepted or altered, and the phone line provider will see that you have made this call. Use with care!

我：酷！具体怎么做的？

乌尔巴赫：我们从柜子里拿出一个旧调制解调器，大概类似石器时期的东西，把它接到我的电脑上。之后我们配置解调器，使得其他人从外部通过拨号可以接入——我们把号码传真到埃及。

我：谁会收到号码？

乌尔巴赫：反对派、朋友、熟人。

几分钟之后，埃及那边有了反应。"我们听到调制解调器里拨号的声音。"乌尔巴赫说。网络线路已经通上了。"虽然速度很慢,但够了。"
他继续说。Telecomix 和其他几个服务器——都是小服务器——一起提
供网络宽带,为了保证当地人民能上网。"关闭开关"持续多久,行动
就持续多久。

　　我:给这位先生再来一杯无醇啤酒。

　　乌尔巴赫:后来我们很快联系上了记者。

　　我:当地的记者?

　　乌尔巴赫:不是,德国这边的。以便能与当地人对话,缓和那里
的形势,并向外界传达那里发生了什么。

　　我:Tor 网在这里起到什么作用?

　　乌尔巴赫:保护当地的网络用户,保护我们自己,每一次拨
号——例如进行采访或者交谈——都通过 Tor 网传递。

　　我:那网速一定相当慢!

　　乌尔巴赫:确实。不过为了保护我们和那边的人,速度慢的问题
根本微不足道。我没办法快速建一个 VPN。在当时,如果通过这种专
业网络一定更快。

　　四五天之后行动结束了。"一个来自埃及的男孩写信告诉我,他只
能通过我们的宽带连接告诉在伦敦的父母自己一切都好。"乌尔巴赫回
忆道,"关闭开关条例是一次战争。就像关闭水龙头。这是我们绝对无
法容忍的。"

　　乌尔巴赫:我提到的,是那些因为交流没有加密而被杀害的人。

　　我:好吧。人们总是会这样说。

　　乌尔巴赫:您指什么?

　　我:总会说被追踪者使用 Tor 网。

　　乌尔巴赫:他们确实使用。而且 Tor 安装容易,使用方便。

我：没错，很多人这样讲。

乌尔巴赫：有一次我通过 Tor 网参加视频会议。我们在叙利亚也进行类似行动。我的会议伙伴在那里用摄像机持续拍摄。

我：是真的吗？

乌尔巴赫：我们正在对话，突然听到背景音里传来声音，像门被撞开的声音。接着阿萨德的士兵杀害了那位伙伴。他死后，那些士兵还向我们挥手示意！

在准备结账前，史蒂凡·乌尔巴赫又向我提出："请把下面的内容也写进书里：我们在伊朗、埃及、叙利亚或者利比亚组织行动，并不意味着我们扮演欧洲佬为野蛮的、未接受过教育的阿拉伯人带来互联网。我们不得不帮助他们，因为他们没有能力自助。媒体的有些报道十足令我气愤，事情好像是白肤色的英雄拯救了野蛮人。我们做这些不仅是为了当地的人民，也是因为我们不想容忍它的发生，是为了我们自己。如果有事情干扰他人的生存和生活，那必须有人为此站起来。只是能这样做的人太少了。"乌尔巴赫耸了下肩膀，拿出一支烟放到嘴边。

"好了，您找到了需要的抗议者。"说完他踱步打算过马路。"祝您的书早日出版，"他向我喊道，"您在做的是件伟大的事。像斯诺登和曼宁为我们用生命冒险，他们无比勇敢。我们必须看到自由的价值，必须捍卫自由！"

"您怎么敢这样隔着马路大喊，"我大声问，"您没想过某局会听到我们的对话吗！"

"美国人的手还不至于伸这么长，从莫斯科的避难所也能看出这点，"乌尔巴赫向我喊道，挥挥手与我道别，吸了口烟，"由于这些行动，我们在西方国家赢得了许多赞誉。这对反对阿萨德和穆巴拉克是件有利的事。在美国佬眼中，我们和斯诺登不一样，我们找到的是真正的敌人，如果您理解我指什么。"

"要是您进了关塔那摩监狱，可千万别这么说。"我担心地喊道。

"别担心。没人会害英雄的。政府也不会那么做！所以我想说什么就说什么。"史蒂凡·乌尔巴赫走进地铁站，消失在我的视线中，而我仍站在原地。

"你们为什么把玫瑰涂成红色？"爱丽丝问扑克牌士兵。"因为我们误种了白色的玫瑰。"其中一个士兵回答，同时他继续用毛笔给花瓣涂颜色。"那又怎样，白色不是一样很美？"爱丽丝说。

扑克牌士兵们惊恐地摇头："不，尊贵的小姐。玫瑰必须是红色。女王陛下要求玫瑰必须是红色。"爱丽丝气愤地叉着腰。"简直一派胡言，"她说，"只是颜色不同的花而已——如果玫瑰不是红色，又会怎样？"

扑克牌互相望着彼此，其中一个士兵无奈地把毛笔插到颜料桶中。"尊贵的小姐，如果那样，我们的头就保不住了。"他补充道。"女王陛下可以斩杀任何人。"另一个扑克牌士兵在后面战战兢兢地说。"只因为玫瑰不是红色，而是白色的。"爱丽丝根本无法相信，在她生活的世界中，没人会因为一些玫瑰被砍头。"但是女王陛下会斩杀我们。"扑克牌们异口同声地说，站在后面的用可怜的语气补充："就是砍头的意思！"由于恐惧，他把油漆弄到了身上，好像一抹鲜血。

我认为，这个故事很恰当。我们生活在拥有纯粹特权的国家。当我们抱怨一切时，都不该忘记，同样的事情在别人那儿是怎样。当听到史蒂凡·乌尔巴赫给我讲述视频会议过程中遇害伙伴的事情，我感到后背一阵发凉。这是我们通常无法想象的情况。女王花园中的树篱遮住了干活的扑克牌士兵。树篱如此高，以至于女王从宫殿中看不到她的仆人正以多快的速度为花涂颜色，以便自己不丢脑袋。Tor 网就是树篱，它保护无助者不受毫不留情又无法估计的国家权力的侵犯。如果女王不是虚构的，而是真实的专制君主，树篱，也就是 Tor 网，将决定这些人的命运。

　　"走吧，爱丽丝，"我指着前面的路，"还要走一段才到宫殿。也许有人会告诉我们怎么走出去。"爱丽丝又仔细看了一会儿玫瑰，扑克牌士兵还在继续涂色。然后她转身离开，沿着树篱一路向前。

在女王的花园中

维基解密和泄密者：Tor 网的安全性有多高？

"温菲尔德，"一位坐在我对面、蓄着白髭须、身穿条纹毛衣的年长男人推了推坐在旁边的另一位头发稀疏的年长男人说道，"我以为你在听 MDR 广播？"头发稀少的男人没有回答，他脸上长满了老年斑，像年轻人脸上长的雀斑一样。他的手有些颤抖，拄在拐杖上。透过变色太阳镜镜片，他疑虑地望着他的朋友。"我以为你也在听 MDR 广播，温菲尔德？"

没有回答。

经常是没有回答。我找过维基解密，给约翰·戈茨和乔治·马斯科洛写过信，得到的回信都是敷衍的。我们都用 Tor 网，每个人的回答都差不多。我的搜索得到的结果也一样：这是保持匿名性的简单方式——不仅仅是一个毒品犯、色情物提供者或者迷途者的平台。

我和爱丽丝一起，在去找维基解密前雇员和资深互联网专家丹尼尔·多姆沙伊特 - 伯格的路上。他与朱利安·阿桑奇的争吵事件众所周知。但是我决定排除这个话题。因为那样，曾被信任的人会陷入信任危机。我不想这么做。我们约定不提旧事，我真正想问他的是 Tor 网有多安全——而不是去挖掘陈年往事。

车窗外，勃兰登堡的风景十分亮丽，这是今年阳光最灿烂的一天。尽管这里有狼，我想这种动物还是很有品位。我要是狼，也会来勃兰登堡，因为我自己就在这片土地上长大。对面的两位男士已经脱下了夹克。

条纹毛衣男人：温菲尔德，（撞了撞老伙伴）MDR 广播上还有历史节目……

年长男人：哦，然后呢？

条纹毛衣男人：我知道现在正在播我们家乡的历史。

年长男人：哦，然后呢？

条纹毛衣男人：上一段里讲，说了你一定不相信，温菲尔德，他们说俄国人有原子战斗机。

年长男人：谁？ MDR 广播？

条纹毛衣男人：俄国人，温菲尔德。

年长男人：哦。

条纹毛衣男人：（渴望回应的眼神）

年长男人：他们有什么？

条纹毛衣男人：原子战斗机，温菲尔德。有核反应堆的战斗机！

年长男人：哦！

条纹毛衣男人：你想象一下。在福格申！

年长男人：……

条纹毛衣男人：节目中说他们也有核武器。就在我们这里，在我们区里，温菲尔德。就在福格申！

丹尼尔·多姆沙伊特 - 伯格和妻子一起生活在这个州，他们住在一栋白色的房子里，房子非常美丽，甚至是壮观。他们过着极其舒服的生活。我原来的小学班主任也有这样一栋房子——进入房屋，会莫名地不想离开，想在那里过夜。也许与房屋的内饰或者生活在里面的人有关系，我认为。

计算机专家在火车站迎接我，直接把我带到他家房前。敞开的衬衫，舒适的裤子，络腮胡，看上去他也可能是一位森林管理员或者伐木工人。他的头发比我找到的那张照片里长许多。也许他参加会议或者做报告时，会剪短头发，而在家时会留稍长的头发。仅仅是我的猜测而已。

多姆沙伊特 - 伯格：您好，欢迎到来。一路还顺利吗？

我：很顺利，谢谢。您知道吗？俄国人曾经有原子战斗机，就在福格申。

多姆沙伊特 - 伯格：真的吗？

我：当然，MDR 广播说的。和我一起坐火车的两位老先生也这样说。

多姆沙伊特 - 伯格：这可真是个有趣的消息。他们现在怎么不搞了？

我：什么？

多姆沙伊特 - 伯格：那些战斗机。

我：不知道。也许坠落了，我猜测。或者太贵了。也许秘密地在某个沙漠中的军事基地继续在搞？

多姆沙伊特 - 伯格：很有可能。

我：也许那两位老先生曾经是间谍，专门负责调查此事。我们不相信这在技术上完全可行。

陌生男人（挥手）：嗨！

多姆沙伊特 - 伯格：嗨！

陌生男人：我把东西都放到走廊里了，可以吗？

多姆沙伊特 - 伯格：很好，谢谢。

　　进门后三个石质台阶上摆着 3 个箱子：一箱生态西红柿、一箱肉（可能是鹿肉）和满满的一箱蔬菜。看着这些食物，也许会想象多姆沙伊特 - 伯格经营着一家小餐馆。

　　"我们现在都直接订当地新鲜的蔬菜肉类。这就是田园生活最大的好处吧，"多姆沙伊特 - 伯格说着，抓了抓自己的大胡子，"这里的人都很善良、纯朴，我们相互都很熟悉。"

　　"住在这里其他的好处呢？"我问。他没有立即回答我，抬起一个箱子，把它搬到厨房。"安静。"我站在箱子前不知所措。"要不要我帮忙抬？"我问道。"不劳烦您，"他在厨房回应道，"不过您可以带 2 个西红柿过来。"

　　我：我们要把手机放到冰箱的冷冻室吗？都要这样做吗？

　　多姆沙伊特 - 伯格：冷藏室就够了，已经足够防超音波。

　　我：好，嗯。我还是不要放到冷藏室吧，我把手机留在走廊好了——已经不在窃听范围了吧？

　　多姆沙伊特 - 伯格：手机这回事也许就是个笑话！有点夸张。不过根据美国国家安全局的逻辑，您确实已经值得关注，如果您与这么多有趣的人物见面。

　　我：您真这么认为？

　　多姆沙伊特 - 伯格：当然。您交往的大多数人并非一点意义也没有。被监控的潜在目标还包括您的女朋友及她的父母，您的父母和您的朋友。手机其实还不算什么话题。

　　我：您不用手机，是吗？

　　多姆沙伊特 - 伯格：我不用。

　　我：我想提前告诉您，我的火车晚点了，但一直联系不上您……

　　多姆沙伊特 - 伯格：通常我都不需要手机。不过我也许会给手机充上电。

我跟随多姆沙伊特 - 伯格进入书房，我的手机被我留在走廊的桌子上，一个我随后一定会彻底忘了的地方。

多姆沙伊特 - 伯格的书房里有监控器、一个工作台，工作台上在混频器旁边有一台分解的服务器，墙上挂着各种服务器驱动系统的装饰画，凌乱地摆着的各种工具。我在立式台灯下的棕色沙发上坐下。多姆沙伊特 - 伯格走向开着的服务器。监控器的摄像头被粘上了东西或者拆除了。

我：您擅长编程序吗？

多姆沙伊特 - 伯格：不擅长，我确实不是合格的程序员。我主要负责网络。

我：哦，这点我之前还不了解。我原以为计算机专家除了编程序没有其他的事情可做。

多姆沙伊特 - 伯格（偷笑）：当然有别的分工。我专门负责网络技术，VPN、Tor、企业网络安全，一切与之相关的事务。

我：那么您也就在维基解密做过类似工作？

多姆沙伊特 - 伯格：没错。任何对信息流感兴趣的人，迟早要找到维基解密来（拧螺丝，卸下来一个电路板）。

多姆沙伊特 - 伯格于 2002 年至 2005 年在曼海姆职业学校学习应用信息学，之后他开始工作，在一家得克萨斯国际信息技术公司。他主要负责信息安全和 WLAN 技术。2007 年他遇到朱利安·阿桑奇。

我：Tor 网对于维基解密有多重要？

多姆沙伊特 - 伯格：最初的想法是找到泄密者。

我：一个揭秘平台？

多姆沙伊特 - 伯格：是的，没错。虽然我们由于大规模揭露秘密而处于焦点，但最初的想法是寻找普通揭秘者。像斯诺登一样的泄密者是很少见的。这样的人并不多。

我：Tor 网的问题是什么？

多姆沙伊特 - 伯格：找到普通泄密者则需要降低技术门槛，为了鼓励那些也许还不掌握这种技术知识的告密者。Tor 网的技术门槛并不低，使用它已经相当复杂，而且很容易犯错误（取决于服务器主机）。

我：自从我使用 Tor 网，就感到被监视。Tor 网项目设计者之一安德鲁，告诉我索隆的眼睛不放过任何事。如果回避他的目光，岂不是更容易引起关注？

多姆沙伊特 - 伯格：他描述的正是这个问题。如果能操作 Tor 网技术，它对于许多事都是有益处的。但是对于根本不懂技术的普通用户来说，它确实很难操作。如果在个人操作系统，也就是还做其他事的系统上使用 Tor 网，会很快暴露。

我：我在用 Tor 网时总感到有点奇怪……

多姆沙伊特 - 伯格：哪里奇怪？

我：多少与阴谋有关的感觉。

多姆沙伊特 - 伯格：这种感觉一点不奇怪。您感到害怕或者感觉自己像罪犯。也许还刻意避免打开文件。这就是 Tor 网的问题。

多姆沙伊特 - 伯格给我看电路板。"都积满灰了。"他说。这个服务器是给海盗党的。从 2013 年 8 月起，他做了海盗党政治秘书长。他的夫人安珂也在党内工作。

我：Tails 驱动系统比 Tor 服务器容易操作，因为用 Tails 不用担心是不是忽略了什么。

多姆沙伊特 - 伯格：是的，不过 Tor 网的主要优势在于匿名交流。对于日常信息交换，Tor 网速度太慢，有时也不够安全。如果通过不同的服务器联网，很难完全避免信息漏洞。

我：通过 Tor 网能像暗网一样分享文件吗？

多姆沙伊特 - 伯格：通过 Tor 网分享文件速度很慢，就像我们之前谈到过。不过通过 Tor 网可以再次掩饰进入暗网的路径。我用 Tor 网进入过暗网。

我：原来要这样使用暗网！我明白了。在此之前我根本没想过暗网与 Tor 网可以这样联系起来。像这样的软件能否对警察和情报机构讲：抱歉，我们没有数据信息，尽管表面表示已与官方机构合作。

多姆沙伊特 - 伯格：Tor 网本身恰恰也无法提供——软件本身也显示了：没有经验的泄密者也受到有效保护，因为根本没有机会追踪他的交流路径。

我：Tor 网项目成员不必像其他运营商去做决定：我们交出数据还是不交？

多姆沙伊特 - 伯格：没错。情报机构打电话来说，我们要找某某人。我们要他们的 IP 地址。如果能够提供，Tor 网项目成员会更难抵住压力说：我们不给，你们甭想了。因为他们根本没有 IP 地址信息，运行就是如此。也许某一天，在警察打了第三次电话之后，他们明白了，这里无料可取。这正是好处所在。如果能控制隐形帽和猜测别人的想法，那就根本不需要隐形帽。完全的匿名性使之无法提供信息。对于不得不担心性命的人来说，考虑的正是这点，即受到可靠的保护。

我：您私下也用 Tor 网吗？

多姆沙伊特 - 伯格：坦白讲很少。但如果要我明确回答您的问题：那么，是的，我用 Tor 网。

我：不过如果我现在使用 VPN，例如在瑞典的 VPN，那么我根本不需要 Tor 网，是这样吗？

多姆沙伊特－伯格：在 VPN 中，您本身就像在封闭空间中一样安全。您有来自瑞典的 IP——也许别人都以为您是瑞典人，从那里来。进入 VPN 的路径是重点，就像我前面讲的通过暗网。

我：为什么?

多姆沙伊特－伯格：情报机构并不在用户自己的路径上窃听，而通常在国家边界上。那样更实际而且更简单。在那里建一个接口位置，暂留一部分发往国外的消息。这样就能看出信息从哪儿发到哪儿。在那儿看到您在去瑞典的路上，直到您到了那里，您的 IP 还是原来的——带有您的信息和住址。

我：也就是说，在去往瑞典的路上我需要一顶隐形帽?

多姆沙伊特－伯格：对。这一段路径也可以使用 Tor 网。例如，我想浏览一个在纽约的网页。因此，我寻找一个在美国的出口节点，最理想的是纽约的，以便未加密的路径尽可能短。这样在过境时已避免了监控。

丹尼尔·多姆沙伊特－伯格用清洁毛刷清理拆下来的电路板。"您相信我被监视了吗？"我问他。多姆沙伊特－伯格抬眼看了看我："监视我们的见面还是什么？"他忍不住笑。我从电脑包中拿出我的电脑。"因为我在写一本关于 Tor 网的书？"

"嗯……"他没有太大反应，继续认真地清理电路板。

我：如果我给美国人打过电话呢?

多姆沙伊特－伯格：给谁?

我：FBI ?

多姆沙伊特－伯格：您都说了什么?

我：我希望知道他们对此事的态度。

多姆沙伊特－伯格：不，我是说您怎么介绍自己的?

我：我说我是记者，正在写一些关于匿名网络的书。

多姆沙伊特 - 伯格：那您在数据库中的标签一定变了。也许被登记上了。不过也还没有到马上被监控那么重要。

我：标签一定变了？

多姆沙伊特 - 伯格：从不重要到有点意思，差不多是这样。

我：可能我还犯了一个错误……

多姆沙伊特 - 伯格：什么错误？

我：如果我给斯诺登写过一封邮件……

多姆沙伊特 - 伯格：写过邮件？

我：是的。那时候，我还不知道 PGP 加密是什么——之前在 Tor 网找到了他的邮箱地址。

多姆沙伊特 - 伯格：……邮箱地址一定是假的。

我：我并没有害怕……

多姆沙伊特 - 伯格（停下手上的活）：为什么？

我：我当时想，Booz Allen 是个看着很好笑的邮箱服务器，因为 Booz 在英文中的意思是白酒……

多姆沙伊特 - 伯格：哈。您当时以为爱德华·斯诺登用个好笑的白酒邮箱地址。然后就给最大的情报机构写信了？

我：Booz Allen Hamilton，没错。

多姆沙伊特 - 伯格：好样的。那个地址一定没什么用处，除非是想看看到底谁会写信过来。

我（自嘲地）：我终于安心了——我当时也想到邮件根本到不了斯诺登那里！

在女王的花园中，树篱保护原本可见的动作。首先，树篱保护像扑克牌士兵一样做正确事情的人，他们要为自己的性命担忧。另外，在所有偏执症发作时不要忘记：普通人对于像情报机构那样的侦查机构通常并不重要。除非是犯了错误，大概像我这样。因为完全从杂乱的数据入手太困难，情报机构关注的更多的是元数据和链接数据：这些数据容易获取，始终存在并且方便分析。

现在需要一个立场，而不是整天害怕情报机构或者黑客：面对冲突双方，我该站在哪一边？站在黑客一边？和他们一样对大家说：要保护好自己？还是站在政府一边，认为正在发生的事都是妄想？关键词：事情没有那么糟糕。无论如何，我们被侦查而且没人反抗。另外，Tor 网并不容易操作。

"这里没有能出去的路，"我对爱丽丝说，并尽量谨慎地把白天的坏消息告诉她，"我认为我们被困在这里了，我完全没有了方向。我们该怎么办？"爱丽丝只是睁大眼睛看着，好像她是个不讲话的灵魂。妄想从起初的两种蘑菇开始，一个会让你变大，一个会让你变小，而你根本不知道吃了哪个会变大，哪个会变小。"为什么我要独自做所有的事？"我问道。"你可以开口讲些什么，现在就是最合适的时机，"我祈求她，"否则我们永远无法回家。"

"女王，女王！"扑克牌士兵从我们身后的树篱中大喊。一支毛笔从灌木上方飞过。我惊异地看向爱丽丝，她也惊异地看着我，好像这一切都迫不及待地出现。"你看，"我接着说，"路自动就出现了，尽管我们以为迷了路。总有另一扇门打开。"我拨开一点树篱，看到扑克牌士兵列队前进——身上戴钻石的扑克牌，看起来像孩子的小扑克牌；宝座上坐着的就是红心女王！

"那就是女王，"我对爱丽丝说，好像我们一直就是在等候她，"你知道吗，爱丽丝，偶尔我会问自己，我们究竟怎么会来到这里。"我整了整毛衣，努力回想我们掉进兔子洞的那天。"你也会这样回想吗？"

我渴望她能读懂我的想法。

我还是没有得到任何回答。

至少女王还没有看到我们。这就是树篱的好处，你可以自己决定什么时候出现和如何从暗处走出来，就像克里斯蒂安·巴尔斯说过的。"来吧，爱丽丝，"我指向女王的方向，"不会有事的。谁知道她想要什么。"那只白兔子从我们身边蹦跳着过去。在绿色的树篱中它显得格外白。

槌球①比赛

斗争的历史：信息自由的长久斗争

屋里没有什么光线。厨房里一面被遗弃的旗帜倚在墙上，水槽里一些没洗的杯子。门上一把锁很显眼，有了它，所有闯入者都被拒之门外。看到这扇门，我就想到尼克松水门事件，他试图窃听和偷拍水门大厦民主党委员会办公室内的文件。这里也可能有不速之客到访——位于柏林一栋不显眼的房子地下室中的办公室。

"这些房间足够安全，完全防窃听。"贝恩德·费克斯（Bernd Fix）说道，他把带回来的生态牛奶放进冰箱。"在这里，我们不能无顾忌地交谈，至少不能什么话题都谈。要来杯咖啡吗？"他问。

我点点头。

费克斯：加奶加糖吗？

我：只加糖，谢谢。

费克斯：您在写一本关于 Tor 网的书？

我：是的，我在为此努力。

---

① 槌球是一种室外游戏，指在草坪或地面上用长柄木槌击球，使之穿过一连串铁环门。它起源于法国，后传到英美，在中国也称为门球。——编者注

费克斯（微笑）：……

我：您为什么笑?

费克斯：进展如何?

贝恩德·费克斯是瓦乌霍兰德基金会（Wau Holland Foundation）5 位董事之一。瓦乌霍兰德这个名称取自赫尔沃特·霍兰德 - 莫里茨（Herwart Holland-Moritz），一位德国记者和计算机活跃分子，长得很像布德·斯潘塞（Bud Spencer）。瓦乌霍兰德基金会以捐赠支持与数据保护和透明度相关的重要 IT 项目。基金会起初由于支持维基解密为公众所知，很早的时候，基金会就在支持揭秘平台并陪伴其走过最艰难时期——维基解密被银行冻结而没有资金。瓦乌霍兰德基金会帮助其渡过难关，以致基金会自己的 PayPal 账户也为此被冻结。基金会继续为平台募捐数百万资金。以最适当的方式联络朱利安·阿桑奇、爱德华·斯诺登和维基解密记者萨拉·哈里森（Sarah Harrison）。基金会董事中还包括安迪·穆勒 - 马古（Andy Müller-Maguhn），当时 CCC 知名发言人，ICANN（互联网监督和管理机构）前董事会成员。他是维基解密创始人阿桑奇的一位挚友。

从维基解密本身来看，它不仅仅依赖 Tor 网，还利用了多层加密过程，为了作为可移动目标尽可能不被追踪，Tor 网只是该策略的一部分。瓦乌霍兰德基金会以捐款支持 Tor 网出口节点的运营商。

我：听起来有点复杂。我总是不知道能相信什么。想了解其中的概况，我还缺少电脑工程师或者黑客的技术知识。

费克斯：这点我能理解。所以这些对您就像对普通用户。把我们的初衷解释给非技术的外界并不容易。这点我们自己也一次又一次得到证实。（向咖啡机中加水）

我：为什么支持 Tor 网出口节点?

费克斯：因为加密的出口节点用于加快 Tor 网速度。

我：具体解释呢?

费克斯：所有从出口节点出来的用户都是可监控的。加密在出口节点处结束。如果有人坐在那里，运行节点，那么他能看到我们或者您在 Tor 网做什么。因此保证这些节点不会落入例如情报机构的手中很重要。否则 Tor 网起不到应有的作用（把咖啡放到桌上）。

Tor 网出口节点用于 Tor 网用户与外界交流。如果用户通过 Tor 网提出申请打开网页，那么网页运营商看到的该申请好像是出口节点提出的。所以，如果被认为是违法用户申请打开网页，官方机构关注的也是出口节点。故只有 20% 的 Tor 网中继运营商敢于运营出口节点来缓解路径压力。这也导致 Tor 网速度大大降低。幸好有人出于坚持而有意识地运营出口节点。

我：谁?

费克斯：莫里茨·巴尔特。

我：意思是他维护网络尽可能保持自由，并因此时刻与压力做斗争? 作为运营商总有各种恐惧和害怕? 他们提供的类似于码头?

费克斯：可以这样讲。

我：那我理解了。他所做的就根本不只是精神世界里存在的事情，而是在现实中的确重要的事情!

费克斯：正是如此。对所有出口节点的运营商都适用。

霍兰德 - 莫里茨是混沌计算机俱乐部创建者之一，2001 年死于中风。出于门外汉的看法，我想说：瓦乌霍兰德是位伟大且可爱的计算机学家——信息工程的前瞻者和榜样。贝恩德·费克斯和瓦乌霍兰德的其他朋友在医院陪床数月，悉心照顾这位挚友。主治医生给了他们一个房间，并且表示，他还从来没有见过这么多人长时间照顾和关心一位病人。

瓦乌霍兰德过世后被安葬在马堡，贝恩德·费克斯和瓦乌霍兰德的其他朋友以他的名字建立了瓦乌霍兰德基金会，为了继续推进他们共同开启的事业。贝恩德·费克斯最初代表的就是一个传统的黑客。而如今他本人就是政治。

我：如果我的书成功了，虽然我不太相信它会成功，我们这样比喻：Tor 网速度会变快吗，如果有更多用户使用它？

费克斯：不，会更慢。

我：我以为它速度慢是因为全世界只有 50 万用户。

费克斯：原因不是那样，供 Tor 网使用的宽带是确定的。使用宽带的用户越多，速度就会越慢。

我：我们如何提供更多宽带？

费克斯：原则上需要更高的成本，尽管有许多可供使用。我们需要更多 Tor 网中继服务器和专门的出口节点。

我：对于外行来讲，出口节点就像更多调制解调器电源？

费克斯：非常笼统地算是吧。有更多出口节点，那网络速度明显会快很多。

我：如果 Tor 网速度越来越快，有朝一日会和普通网络一样快吗——我们会有一个庞大的匿名网络吗？

费克斯：有可能。但是，为此有些事情一定会发生改变。Tor 网也许不够 4 000 万人使用。在这之前，我们必须重新考虑许多与互联网相关的其他事情。

瓦乌霍兰德在 1984 年也创办了混沌计算机俱乐部杂志《数据离心机》，创办的前几年，杂志刊登了自制调制解调器的电路图。当时的《通信设备法》要求调制解调器必须有德国联邦邮局许可——联邦邮局可以出租和出售调制解调器。自有的自制调制解调器或者便宜的美国进口货在当时都是禁止的。据说之后，瓦乌霍兰德说过："连接自制调制解调器会受到比因疏忽引起原子能爆炸更加严厉的惩罚。"这像他说出的话，同时他还穿着工装裤、凉鞋，留着络腮胡——像为了论证这一说法。

我：必须重新思考什么？

费克斯：我们必须重新思考整个互联网结构，因为在 20 世纪 60 年代，互联网是由黑客和科学家在 ARPA 基础上建立的，安全意味"安全"而不是"安检"。许多如今还常用的互联网协议已经完全过时，不能适应像私密和数据保护的要求。

我：爱德华·斯诺登已经展示了这点。

费克斯：许多人都这样认为。不过事情并不是从爱德华·斯诺登开始才出现的——可以说从 20 世纪 70 年代就开始了。互联网不是自由之处，而是受到严格控制的地方。美国军队一定不会送给我们一个他一点好处都得不到的礼物。

我：冲突存在已久了？

费克斯：当然，一切争论并不是空穴来风——我们已经谈论许久，只是没有人认真在听。所有人都认为一切是从斯诺登事件开始。例如：直到 1990 年，美国国家安全局的主要任务是工业间谍活动，显然对此几乎没有人知晓。美国国家安全局并不是像美国中央情报局一样在国外煽动合法选举主席的情报机构。美国国家安全局的首要目的是从企业和其他工业机构窃取机密。现在的做法总像是美国国家安全局迟早会偏离合法道路。但根本就没有过这样的合法道路。过去的那些年中，美国国家安全局没有出于疏忽或者过分行为去窃听企业，那一切不过是它存在的目的和意义，一直是这样。

我：在基础结构中我们要做哪些新的考虑，以便不会再发生此类事情？

　　费克斯：还以您提的 Tor 网为例：加密和匿名必须标准化，毫无例外的。不标准的会引起怀疑并且显得背后有阴谋。如果加密不是持续使用，而只是偶尔使用，则会引起情报机构注意。你们看这个人在使用加密——加密的可能是什么？在个别情况下，加密传递了一条信息，这说明有人不想被看到。Tor 网也是一样。

　　费克斯自己运营一个 Mixmaster 服务器，允许用户通过该服务器发送匿名邮件。"有一次，我接到警察打来的电话，因为一个炸弹威胁，请我公开用户信息。但我没法提供，因为根本没有数据。"费克斯讲述。之后，德国官方机构表示可以接受他的回复，他说。如果是美国，官方则会没收电脑。"我们的刑事侦查干脆学会了这点。如果政客以犯罪性来攻击匿名性的话，我们不得不说：他们什么都没学到。我们也不能回到互联网的石器时代。"费克斯认为，他喝了一口咖啡。

　　我：这样 Tor 网不是和储备信息存储相矛盾——因为 Tor 网不允许有数据可以存储在服务器或者其他地方？

　　费克斯：没错，就是这样。因此，刑事侦查员对待 Tor 网都很谨慎，不涉及 Tor 网正常使用。不能够控制它，因为它禁止存储数据，这点侦查工作只能接受，尽管侦查员不喜欢与之打交道。所以他们希望多数人不使用 Tor 网，就像迄今为止这样。

　　我：不能干脆禁止使用 Tor 网吗？

　　费克斯：如果要有效禁止像 Tor 网所代表的匿名性，他们得废除整个密码学。在俄罗斯可以，在那里，个人用户不允许使用任何加密。

　　我：斯诺登事件之后，有没有更多人说：数据保护对我重要——在民众中的接受度有没有提高？

　　费克斯：有可能会有这种感觉或者许多人会这样讲。事实是，斯诺登事件之后，Tor 网注册用户数量并没有明显增长。这一事实只是不愿被提及。

我：您使用 Tor 网吗？

费克斯：我只用 Tor 网。但每次我都要在主页上等很久，直到加载完毕。Tor 网还不适合用于面向大众的 HD 数据传送。

我：为了在斗争中支持匿名性，我要不要开一个服务器或者一个自己的节点？

费克斯：不要用自己家里的 ADSL 连接的电脑，那样不会帮助到任何人。如果想做，则要运营计算中心里的 Tor 网中继服务器，并且拥有至少 100Mb/s 的对称宽带。但要付出成本，如果找到允许 Tor 网出口节点的计算中心，每个月费用在 100 欧元。对于普通用户也不算什么。

我：然后，我可以做什么？

费克斯：为网络基础设施捐款，例如像我们所做的那样。

在我向车站走的路上，看着柏林街道上的各色橱窗，我心里在想，几十年前人们就开始重新思考互联网的结构。Tor 网出口节点就像通往自由的大门，而大门始终被包围着。我还在想，我的奇幻世界之旅最大的斗争，或许最重要的领悟是：俗话说，上梁不正下梁歪，Tor 网没有问题，问题在于互联网。

如果不想烦琐地自学和安装整个程序，那我们则需要数据保护和加密标准化的解决办法，标准化后的基础设施从初始就配置在我们的手机和电脑上。这也需要所有人的支持——WhatsApp 销售和加密信息抢购已表明：有明显的需求。我们需要技术门槛低的保护和加密方法，就如丹尼尔·多姆沙伊特 - 伯格所讲。

不再是关于 Tor，关于 PGP，关于数据保护和侦查。现在关系的是一个整体：我们想怎样在互联网中生活？互联网结构已经存在并被滥用。我们必须为它制定新的规则——或者不需要制定。目前的互联网带给我们更多便利和舒适，但同时缺失了安全和隐私。也许我们可以不效仿 Tor 网，为增加私密而减少了舒适，而是取而代之，实现两方面的双赢。但是迄今我们还没有决定互联网与我们的关系。Tor 网不是暗处，与之相反，我们讲的可见网络，也就是互联网才应该是暗网。有很多方法保护我们不受犯罪伤害，这样很好，但是保护我们不被经济和情报机构利用的机制在哪里？我们当然喜欢用脸书、WhatsApp 和谷歌地图。但是面对大集团、情报机构或者非法黑客组织储存并转售我们的数据，或者在某些有碍其利益的情况下利用信息揭发我们时，无人发声。这些必须由我们自己决定。绝对不能把决定权留给私有经济或者情报机构，由他们决定我们如何生活，由他们决定我们必须面临哪些限制。

在去火车站的路上，我突然收到了一条用英文写的短信息。

祝贺您！您的手机号码被 FreeLotto 选中，获得奖金 250 万英镑，中奖号码为 001/2014，如有异议请邮件联系：contactand777@gmail.com.

我回复道："英国情报机构政府通信总部（GCHQ）。我也会盯着你。"

我现在不再害怕。我也不再表现出软弱无能。我又看了一眼信息，随后按下手机上的"删除"键。同时我发现，这条短信息中使用的是谷歌邮件地址。我的谷歌邮箱账户在每次发送的邮件中都一并发送标签，其中包括我的手机号码。有意思，我想谷歌把我的个人信息卖给了彩票公司。想到这里，我顿时感到气愤至极。

当柴郡猫在槌球比赛期间出现在女王身后时，爱丽丝并不友好地看着它。"你好吗，爱丽丝？"柴郡猫先是露出了嘴巴，随后整个身体出现在爱丽丝面前，它问候她。"一点都不好。"爱丽丝回答说，无精打采地看了看火烈鸟击球棒，它正在爱丽丝的胳膊里舒展放松。"所有人都在说砍头、斩杀，太可怕了，"爱丽丝叹气道，"如果我是下一个被砍头的，该怎么办？"

我现在就和爱丽丝一样。故事越接近尾声，我就越担心：担心自己忽略了什么——由此引发计算机界的骚乱。被谁砍头要看进了谁的领土和谁主管着断头台。

"你觉得女王怎么样？"柴郡猫问爱丽丝。它的尾巴在女王身后摆来绕去。

"我非常、非常不喜欢她，"爱丽丝说，她气愤地用脚跺着草坪。"一点都不公平——所有人都让着她赢！"

"你在和谁讲话，我的孩子？"女王侧身向后微笑地问道，转过身看着爱丽丝。"它是我的朋友，柴郡猫，"爱丽丝乖巧地回答，"尊敬的女王，请允许我介绍我的朋友？"

"我不喜欢它的样子，"女王刻薄地说，"不过如果它愿意，可以亲吻我的手。"

"哦，还是不要了！"柴郡猫做出拒绝的手势。

"砍它的头！"女王大喊道，爱丽丝吓坏了，因为无论如何这都不是斩杀的理由。

在现实世界中亦是如此：所有人都为监控、情报机构和政府的无作为感到气愤，就像爱丽丝生气女王不公平的比赛。但是没有人站出来说：不能这样下去。最后比赛继续进行，女王赢了比赛，所有人都会想：下次我们得说点什么。也许会吧。关键是，继续天下太平，女王不会暴怒。

"比赛中女王不停地与其他球手争吵，大喊：'砍他的头！'或者'砍她的头！'被她宣判斩首的人都被士兵关押起来，士兵们当然必须停止防守，这样大约半小时后，没人防守了。除了国王、女王和爱丽丝，所有球手都被抓起来并判处了斩首。"——刘易斯·卡罗尔，《爱丽丝梦游仙境》。

（https://de.wikisource.org/wiki/Alice_in_Wunderland）

"我不想玩了，"爱丽丝喊道，把球棒扔到一边，"够了！"

女王慢慢地转过身，看了看国王，又看了看兔子："你们知道该怎么办了？"她先是小心翼翼地问，很快她尖尖的嘴巴咧成脸上一丝诡异的笑容。国王点头。兔子也慌忙地点头。

"砍她的头！"

我和爱丽丝一样惊慌恐惧。显然女王迟早会处理到我们。只是她会治我们什么罪？罪过是我们中断了比赛？

当我们走进法庭，周围站满侍卫，手持刺器，兔子在读近百页的诉状，里面全部是我们的信息。我们在哪里、从哪儿来、与谁接触过（例如柴郡猫）、职业是什么（记者，爱丽丝：无），以及我们为什么干扰了奇幻世界的秩序。一切都是依照女王的看法。后面，三月兔和疯帽子站在证人席中等待出庭。"说重点，"女王微笑着命令白兔，"我已经快没有耐心听下去了……"

我想我不用再纠结该站在哪边了。我已经是对方阵营的一部分。法庭将判我为反动派，把我扔进监狱。"是砍头。"爱丽丝在一旁小声说并意味深长地点头，好像她刚说了至理名言，或者道破了天机。

"公然反对和顶撞女王陛下，干扰槌球比赛，未经允许私自闯入奇幻世界和女王陛下的花园，"兔子慌张又害怕，结结巴巴地说，它用手指松了松衣领，吸了一口气，"尊贵的红心女王陛下。"

清了清嗓子。

"……和红心国王陛下，"兔子表示理解地点头，满头大汗。它看了一眼手表。还有时间。

"好了，我的孩子，"女王威胁地俯下身子，"准备好接受判决了吗？"

爱丽丝抬头去找涂玫瑰的那几个扑克牌士兵，他们并不在法庭上，因为他们还在树篱后面。"但是女王，要先审理案子……"爱丽丝回应道。

"先判决，"女王气愤地拍桌子，皇冠滑到她的额前，"然后审理！"

我凝视着律师。是一群鸟——陪审团也是一样。"好极了，"我说，"这将会是轻松愉快的审理。"

爱丽丝不再说话，双臂紧抱在胸前。从她的眼神中看得出她非常气愤。

审理过程
什么是监控

  屋子里的人渐渐多起来。咖啡杯发出叮当声，年长的诸位板着严肃却极尽友善的脸相互交谈、大笑。"我刚刚说……"其中一个说。"是，我早就认识那个人。"另一个说道。欧盟议会主席马丁·舒尔茨（Martin Schulz）坐着黑色贵宾车到达屋外。

  原本我在这里等人。一位说不重要又重要的人：莱科·平克特（Reiko Pinkert），绿党联邦议员汉斯-克里斯蒂安·斯特罗贝办公室职员。但是我没找到他。也许，我们应该约定在纽扣眼里插朵花作暗号。我身边都是高级警官，德国联邦刑警联盟（BDK）主席安德雷·舒尔茨（André Schulz）在整理他的警察队伍，北莱茵-威斯特法伦州内政部长拉尔夫·耶格（Ralf Jäger）正与人亲切地合影。唯独不见莱科。

  北莱茵-威斯特法伦州柏林办公室曾作为"第八届柏林安全对话"的会址。这是一栋雄伟的建筑，巨大的玻璃门前竖立着旗杆。我在一张长型木桌旁继续等，桌上摆着名牌，会议主办方热情地欢迎每一位新到的与会者。我希望能在这儿找到莱科。会议主题："被侦查的公民——法治国家要面临大乱吗？"

"请给我马森的名牌。"声音来自我身旁一位身着深色西装，梳着军人短发的又高又瘦的男士。汉斯-乔治·马森（Hans-Georg Maaßen）是德国联邦宪法保卫局局长和德国国内情报部门主管。与会者慢慢走向会议大厅。我也干脆先进去听听好了。

我在媒体席旁边找位置坐下。我只感觉自己并不属于这里。为什么有这种感觉？我自己也不清楚。

首先入场的是基民盟议会党团副主席沃尔夫冈·博斯巴赫（Wolfgang Bosbach）。他急匆匆地，显然是从联邦议会直接过来，走在后面的是德国电信股份公司（Deutsche Telekom AG）数据保密事务董事托马斯·克莱默（Thomas Kremer）、德国联邦刑警联盟（BDK）主席安德雷·舒尔茨和柏林市数据保护和信息自由部门负责人亚历山大·迪克斯博士。他们在第一排就座。后排各家媒体的记者也准备就绪。"真像一出戏。"我小声对爱丽丝说。"不要大惊小怪的！"《每日镜报》的女记者略显严肃地看向我，由于自言自语，我只能回以她微笑。"您在哪家媒体工作？"她问我。"我是个作家，写纪实文学。"我回答道。她友好地点点头，我们的对话看来暂时就这样结束了。

"你觉得她人好吗？"我问爱丽丝。她点头。"好吧，我们也友好地待她，免得最后你们成了好朋友，而我夹在中间。"说完，我带着抗议兼表达的眼神向前面看。安德雷·舒尔茨走上讲台。

"美国中央情报局技术主管曾说，"舒尔茨开始为大会致辞，他翻了一遍准备的讲稿，却没有照稿子念，只是把它拿在手里，"基本上，全世界包括德国的所有数据，都毫无例外且有目的地被储存起来。女士们、先生们，这不是危言耸听，而是事实。如果真如他所讲的，那则是对公民权利的严重践踏。"他停了停，并看向观众区坐着的刑事侦查官员，接着舒尔茨继续讲话。

"情报机构早在9•11和波士顿马拉松之前得到有关可能发生袭击的消息，但却没能阻止袭击发生。数据显示，北美是受到恐怖袭击最少的区域——从数字来看，死于恐怖事件的人数甚至少于误吞圆珠笔致死的人数。宪法保卫局局长马森先生和前内务部长汉斯·彼得·弗里德里希告诉我们，他们依据掌握的信息和其他情报机构的信息，阻止了5次德国境内袭击。为此能提供的证据呢？寥寥无几。"

听众当中发出小声的议论，听起来像是谨慎的同意，或是惊异。

之后，舒尔茨说储备信息存储与侦查没有关系。这部分信息只是"在具体案件上"使用的手段。并不像情报机构那样大范围存储——无事由且肆意。我们要区分这两件事："虽然民众中的呼声已经退去，"舒尔茨继续，"但是我们生活在监控的国度——被监控着的国家中，以及无法保证一部分公民的权利。"

"混沌计算机俱乐部曾说过，我们必须重新思考互联网，"舒尔茨看向窗外，"建立新的互联网。他们说得有道理——我们使用的全部软件和硬件都向监控妥协了。"

记者疯狂地记录着，警官们大多点头。一位男记者小声对我说——也许因为我坐在记者席最边上，他以为我也是位记者："说得没错。应该允许有人这样讲。"之后，他又愤怒地转向前看。

"你也在做记录？"我问爱丽丝。她点头，视线短暂地离开她的笔记本看了看我。

"说得太对了。"后面另一位与会者表示。

下一位发言者是德国电信的克莱默。"如果谈到互联网问题，那软件漏洞是我们公司面对的主要问题。例如，来自外部的对公司网络基础设施的攻击，例如通过僵尸网络。一般来说，僵尸网络只需要6分钟就可以控制整个系统。事后我们在公司需要近1年查清这类事故。"克莱默介绍道。

德国电信数据保护专家称，人们必须要清楚，每天在互联网中闪过的大量信息与用户网上浏览行为无关。"每天，在电信网络中活跃的数据中，有90%是垃圾邮件。僵尸发送的攻击链接，或者其他由计算机操控的广告或者诈骗信息，用户不会收到，因为德国电信运营的过滤器会阻截大部分此类信息。"克莱默说德国电信每天登记的攻击约有800条。"我们利用蜜罐系统吸引侵入者和攻击者。我们模拟漏洞，然后观察谁来利用漏洞。这类分析用于增强系统耐抗性。"随后克莱默展示了一个此类攻击的例子——安全监控器。几秒钟内，出现了来自国外的攻击信息。"攻击对象扩大到智能手机。"

"你都记下来了吗？"我问爱丽丝。陪审席上的鸟类不解地看着我们。我无辜地举起双手并摇头。下面是茶歇时间，与会者走出会议大厅，去喝咖啡或者去吸支烟。

我端着咖啡站在几位与会者旁边，好像我确实是来参加会议的，一切看起来好似理所当然。"纪实文学作家。"我这样介绍自己。"这已经算是丑闻了。"一位官员气愤地说道。"人人都沉默。如果大家能领会到，通过数据间谍，我们成了美国附属国，并从此无法保护其公民及相关法规，情况会怎样？"一位与会者微笑地加入进来，好像在说：人们都不清楚这点。而且他本人非常不希望看到事情发展成上述局面。"我们去求助警察，不是为了眼睁睁地看着基本权利被践踏，而是去保护权利——不能期待我们在发现被侦查时还保持心情大好。"他说完，摇着头喝了一口咖啡。"我们无论如何已经不再是主权国家。"另一位气愤地斥责。我努力隐藏受到的震撼，目光盯着杯子中的咖啡。我要表现得好像早就知道所有事情。但实际我并不了解。

多年以来，我都庆幸拥有的一切，我是一个普通公民。上述话语使人感到震惊。我也不想生活在被践踏的国家，任由践踏。

英国情报机构政府通信总部、美国国家安全局：他们是红心女王。红心国王则努力舒缓女王的激怒和无节制的怒火。但谁是国王？我？我们？所有寻找解答为什么愤怒是合理的，以及为什么无法做出改变且没有什么要隐藏的人都是红心国王。

这就像与一个暴躁伴侣生活在一起，当他在公共场所与人殴打或者因为喝醉而胡闹时，你要不停地替他道歉或者保护他。我们所有人都是那个可怜、无能又无助的红心国王。"但你不是，爱丽丝，"我对爱丽丝说，"你是个小女孩，是想象出的女孩，你不会是红心国王！"

"请大家回到会场，"组织方示意茶歇结束，"下节会议马上开始。请大家将咖啡留在会场外，请勿带饮品入内。谢谢配合。"

当我们坐回座位，我问《每日镜报》的那位记者："您知道哪位是平克特先生吗？"她点头，用手指向我们前一排的位置："那边穿深色西装的那位。"我点头："多谢了。"

"你说得没错，爱丽丝，她人很好。"我说。不过爱丽丝早就知道。

莱科·平克特在绿党汉斯-克里斯蒂安·斯特罗贝办公室与爱德华·斯诺登取得了联系。"我们当然都用 Tor 网。"在我和他约定在这里见面时，他在电话里说，他与泄密者保持着联系。因为他在右翼极端分子网站中搜索，看来也算是个偏执狂了。

门打开了，两个穿着黑色西装的男人警觉地站到入口处。可能是联邦犯罪调查局的保镖。一个有点驼背的小眼睛男人走进会场，那双小眼睛透过圆形眼镜片扫描着会场，听众急促地回到位置上。小眼睛男人就是马森先生。终于得以见到德国国内情报部门主管本人，只是还缺少达斯·维德暴风兵部队 ①。终于有人要讲讲情报机构了。他不太可能自我批评，但我想还是给他个机会。虽然他也可以坦白讲形势之糟糕：我们是个附属国。阻止这样的事情发生原本正是他的职责。尽管如此，他却没有。

对美国国家安全局只字不提，他不停地在讲年轻说唱歌手赴叙利亚参加圣战并鼓动年轻移民参加伊斯兰圣战，好像这是我们和司法保护面临的最迫切需要解决的难题。

"我们必须建立允许全球电信通讯侦查的国际框架条件。"马森说道，他透过圆形眼镜片张望着。"为此，我们与国外情报机构建立合作。但我们更加需要借助本国工具。"他补充说。其中最为重要的就是元数据——谁和谁在何时——来鉴定国际恐怖主义犯罪者和犯罪团伙。"正是加密和匿名技术增加了侦查的难度。"他提到了匿名技术。

马森说德国是易受恐怖袭击的对象国，因为德意志联邦共和国经济强大，又具有政治影响力。因此，有许多大公司都是潜在袭击者瞄准的目标。"我们登记的所有袭击中，每天有5起高水平袭击。在我们看来，其并不来自黑客组织，而是来自其他国外情报机构。例如俄罗斯。这些国家具有很高权威。"宪法保护局长讲道。

那与美国又是怎样？

讲话中只字未提。

只是提到："作为国内情报部门，我们的任务是保护国家不受国外情报机构间谍活动的入侵。"

那……目前……美国人呢？

"与美国的合作每周阻止3到4次袭击，该数据由我本人从美国

① 达斯·维德原名阿纳金·天行者，是星球大战中的重要人物。暴风兵是《星球大战：原力觉醒》中从人类征召入的帝国士兵。——编者注

国家安全局局长基思·亚历山大（Keith Alexander）那里听到。对此有据可循。"不过马森不愿明确指出这些证据。一切保密要求不容许任何核实。

我在摇头。爱丽丝在摇头。我想这是完全迎合女王口味的庭审过程。

主持人接下来问所有与会者："斯诺登是英雄还是泄密者？"

安德雷·舒尔茨：毫无疑问是英雄！

主持人：博斯巴赫先生，作为政治家，您认为斯诺登是英雄还是泄密者？

沃尔夫冈·博斯巴赫：这个问题很难笼统地只用两个词来回答。我看待这件事的方法完全不同。

主持人：哦？想听听您的看法。

沃尔夫冈·博斯巴赫：在我们莱茵兰地区，如果警察来了，邻居们总是会围观。他们认为一定是发生什么事情了，他们从窗户向外看。不然警察不会来搜查。

主持人：博斯巴赫，请不要讲您家乡的故事！

沃尔夫冈·博斯巴赫：虽然我并不完全赞同斯诺登正在做和已经做的事情，但他告诉我们的确实是值得关注的事情。我是这样来看的。

主持人：那么您呢，马森先生，您认为斯诺登是英雄还是泄密者？

汉斯-乔治·马森：一个难捉摸的人。

主持人：也就是在您看来，斯诺登不是英雄，对吗？

汉斯-乔治·马森：大家要意识到，斯诺登先生传递的保密且与安全风险相关的信息要比任何一个俄罗斯间谍都多。

我在会场入口遇到莱科·平克特。"您好。"我和他打招呼。

"您好。"他一只手插在口袋里，"您就是那位作家？"我指了指胸前的名牌"奥夫堡出版社",点头道:"就是我了!"

平克特:我们要不要到一边聊?

我:好的。

平克特:来了好多人。

我:是啊,确实相当多。

(推开玻璃大门,迎面吹来一阵冷风)

我:您偶尔会感到害怕吗?

平克特:怕什么?

我:您认识爱德华·斯诺登和许多其他人物,也许这些人就像在奇幻世界中红心女王早已悬赏捉拿的人。

平克特:我为什么要害怕?重要的是我们在做的事情,以及他们在做的事情。

我:您一定不会告诉我您怎么联系上爱德华·斯诺登的,是通过Tor网吗?

平克特:我不想谈论此事。

我:您也不会告诉我任何爆炸性消息,是吧?

平克特:是的,我不会,我想的是我们彼此见面认识一下。

我:如果与话题有关或者被监听,要必须保持沉默?

平克特:算是吧。时刻要注意跟谁讲了什么。您刚与几位官员交谈过,是吧?

我:您看到我了?

平克特:不算看到了,不过我知道您是谁。涉及话题时您一定要小心,这里的官员都受过高级的心理培训。他们知道如何与人对话,以便取得对方的信任。这是他们的工作。

我:并非都是如此。

平克特：但这里有许多这样的人。

我：我会防止中计。并非所有人都是坏人、都是敌人。那样整个讨论会扭曲。

平克特：我同意您的说法，但是，这个话题涉及太多政治因素。这是块烫手的山芋，事件之下隐藏的是政治。总之您要小心应付。

著名的斯坦福大学的一项美国研究最近发现，元数据泄露通讯伙伴最私人的秘密：在一项涉及 5 000 名智能手机用户的实验中，用户通过 App 自愿发送元数据和链接数据，这些数据也在储备信息存储中存储。研究者发现利用这些数据显然已经能追溯到数据发出者的信息——他们有什么病史，他们离异还是已婚，他们服用什么药物。实验参与者与匿名嗜酒者有对话，与武器商、工会、离婚法官、性病专业诊所或者脱衣舞俱乐部进行交谈。研究者在报告中写道，这不是"制造恐慌"，而是社会写照。通过简单、快速地比较脸书或者其他互联网渠道的数字，研究者成功从电话号码中查出 72% 的用户的真实姓名。方法很简单，甚至任何人都可以做到。研究者还写道，由链接数据建立模式：某人打电话给心脏专科医生，电话号码在电话簿黄页里找到，之后，发现他打给药房，联系心脏异常监控仪器热线。有一个男人打电话给机枪销售热线（在美国是合法的）。又有一个女人在与姐姐通话两天后给父母计划与流产机构打电话。研究者得出结论，即元数据"极其敏感"。

数据就是武器，而且通常在他人手中——对方不仅是像警察机构为调查凶杀案或者打算阻止袭击这样具有合法利益的对象，还包括利用我们的信息进行勒索的犯罪者，以及违法黑客及黑客组织。如果存在这样的数据并且数据被存储下来，那么就有可能落到不遵守规则的人手中。

红心女王拥有这些数据。数据赋予她权力。如果没有制约权力的规则，权力则导致肆意。数据不仅关乎抽象的自由，也可能构成一所监狱，克里斯蒂安·巴尔斯曾对我说。

陪审团显得对案子并不感兴趣，全部祈求宽恕地望着女王。那是他们的女王，他们有什么理由质疑女王的话，即便她的话往往很刺耳。

爱丽丝显然发现陪审团是一群"蠢笨的东西"！他们在各自的牌子上紧张地写着什么。她还发现其中有一个不知道怎么写，所以向旁边的伙伴求助。爱丽丝想：当审问结束后，那些牌子一定写得满满的！其中一个陪审团成员的石笔在写字时发出尖叫声。爱丽丝忍受不下去了，她走到大厅另一侧，站到他身后，很快找到机会，把他的石笔抢过来。爱丽丝的动作太快，以至于那可怜的家伙不知所措，不知道他的笔哪儿去了。找了半天也没有找到，他只好用手指写字。手指能写出什么呀，他的牌子上没有留下任何痕迹。

当莱科出门，准备骑上自行车时，我们这里的审问早就一团乱。陪审团听不懂上面在说什么，国王努力平息女王的怒火，他打算尽快找出个罪名，能够判决我和爱丽丝，所以他开始提一些无关紧要的问题：

"小蛋糕是用什么做的？"

"主要是胡椒。"厨师回答。

"糖浆。"她身后一个昏昏欲睡的声音说。

"抓住那个出声的东西！"女王咆哮，"砍它的头！把他给我带出去！按住他！逮紧他！烧掉他的胡子！"

爱丽丝一只手护着头，另一只手忍不住敲打着桌子。这期间，红心国王试图提出我们"以往生活"中能附加到我们身上的罪名。突然，房屋开始旋转，所有声音变得越来越小，直到完全消失。出现各种颜色，接下来是持续很久的白色。

"爱丽丝？"

"爱丽丝？你快醒醒，"一个戴着奇怪帽子的女人拿走爱丽丝怀里的故事书，"你只是睡着了。"

爱丽丝伸了个懒腰，用手揉揉眼睛，睁眼看到了阳光。"大家都哪儿去了？"爱丽丝问道，"陪审团说了什么？"

"什么陪审团？"女人不知道她在说什么。

"就刚才在牌子上做记录的陪审团，"爱丽丝着急地转身看向两边，"兔子去哪儿了？"

"哪里有兔子，爱丽丝，"女人叹气道，她伸手示意爱丽丝，"我们该出发了。等到家天色就晚了。"

爱丽丝向左看看，又向右看看，从刚刚睡觉的树枝堆上站起来。她上上下下仔细又看了一遍，什么也没有发现。就连她掉进去的那个洞也消失不见了。

爱丽丝才是最聪明

我们为何在现实生活中关上身后的门

Tor 项目是大规模匿名网络，每天被普通用户、军队、记者、法律执行官、演员等广泛用于各种目的。Tor 网最初由美国海军开发，用于保护通信。如今，这项由捐赠资助的项目，帮助记者更安全地与泄密者和各种渠道相互联系。活跃分子组织，例如电子前线基金会（Electronic Frontier Foundation），利用 Tor 网在互联网自由地行使公民权利。企业使用 Tor 网作为传统 VPN 的替代形式，用于交流关于专利及职员等敏感信息。刑事侦查机构使用 Tor 网的目的，是在浏览网页时不留下可追溯到机构的 IP 地址。Tor 网这样描述自己的功能。

我们需要像 Tor 网这样的软件，为了防止对我们的链接数据进行分析，这些信息会泄露我们的身份，我们与谁交谈，以及我们的交往行为。如果我们启动 Tor 网浏览器，进入客户端，我们成为网络的一部分，其中会通过 3 台电脑掩饰路径：当我们到达终点，例如打开主页，建立联系，没有人还会知道我们是谁，我们从哪里来。如果我们愿意，可以放弃匿名性。谈不上必须放弃。

Tor 网有 60% 的资金来自美国政府，民主人权暨劳工局 (Bureau of

Democracy, Human Rights, and Labor）。谷歌也是赞助方。所有出资者每年会在其主页和财务报告及用户统计中公布该项目。出资者还包括许多致力于公民权利、人权和新闻自由的活跃分子组织。

Tor 网不太适合于数据交换：在打开数据时我们会诧异，电影无法加载，因为 Flash 会卡住，网速非常慢。但这样网络才安全，非常安全，以至情报机构和官方也使用它——它几乎密不透风、无懈可击。但即便用 Tor 网也不能保证百分之百的安全。

"是的，我们无时无刻不在谈论执法机构。提到西方世界任何一个机构，我们很可能已经和他们对话过。这些机构可以在发现继电器运营者之后派特警队。或者，他们派有礼貌的官员去提问和排除继电器运营者。他们也可以用 Tor 网工作，因为他们也需要匿名性，以保护他们自己、家人和孙辈不受他们正试图调查的犯罪分子伤害。这是人人都可以使用的匿名技术。我们很高兴看到执法机构在工作中使用 Tor 网。"——安德鲁·路易曼，Tor 网项目团队。

隐藏服务（Hidden service）在其网页中写道，他们允许用户提供和运营不泄露所在地的主页或者服务器。

"Tor 网只是把属于我们的私密空间归还回来，"安德鲁·路易曼说，"我们只需要拥有这样的私密空间。不胡闹，不做违法犯罪的事，只是能够更加自由地生活和交流。当我们需要保护时，能得到保护。但是像生活中所有其他事物，技术也可能被利用。但需要承担责任的不是技术，而是使用技术的人，那些企图犯罪和已经犯罪的人。"

"对于儿童色情物，Tor 网不存在问题。娈童癖利用手机、汽车、火车、电子邮件和聊天工具。"路易曼说。有没有运用政治手段让 Tor 网给人以坏印象？"有可能，"他回答，"我们不想加入政治游戏。我们写代码，做研究，其他的交给这个世界来做。"当然也存在漏洞，因为没有完美无缺的软件。"但我们能清除漏洞。"路易曼补充道。那与情报机构之间会不会也有像与其他出售数据信息的大企业一样类似的交易？

"对任何人，Tor 网中没有后门，"路易曼说，"而且，到目前为止，也没有人为此向我们询问过。对于此类询问我们有专业律师，"他解释："情报机构非常不幸，没有击溃我们，相反，这让我们感到非常幸运。"

"在这里，暗网即是暗语。媒体想的只是在其网页上吸引更多广告和页面浏览。暗网与暗字无关。"——安德鲁·路易曼，Tor 网项目团队。

"关于儿童色情物，"安德鲁·路易曼认为，"英国情报机构政府通信总部和美国国家安全局等情报机构试图使其全球范围监控合理化——例如，他们以此阻止了恐怖袭击，以便人们会说监控是对的，我们需要这种做法保证安全。这都是胡言，既缺乏证据又没有彻底的研究。但为了显得合情合理，就必须有坏人存在——例如恐怖分子。因为情报机构不能搞定我们，所以总有说法，或者有文章称我们间接地帮助了儿童色情物的传播，为的是最后没人再使用 Tor 网，软件最终自生自灭。"路易曼解释道。"因为所有人都痛恨儿童色情物，情报机构不断损害 Tor 网声誉的计谋得逞了。不过，我们也同样认为儿童色情物可恶至极。我们也憎恶网络托管服务，因此，我们不愿与之有任何瓜葛。"

"而且，在攻击之后，Tor 网速度更快了。软件做了改进，在冰岛的核心团队看到了进展。Tor 网没有妥协，"路易曼表示，"这点可以肯定，否则情报机构不会如此抱怨。"

Tor 网项目于 2001 年由罗杰·丁格勒戴和尼克·马修森发起，初衷是使用户免受各种广告干扰。Tor 网项目于 2002 年发布了第一款软件。根据内部消息，2012 年，Tor 网预算达 200 万美元。据年度报告，其中 80% 的资金用于软件研发和改进。最新近数据统计，2012 年，德国约有 27 万 Tor 网用户，全世界用户数量近 300 万，全球共有近 5 000 个出口中继。

"2013 年 9 月用户数量激增。我以为增长是因为媒体关于'丝绸之路'的大量报道，但原因是庞大的僵尸网络。"路易曼告诉我。

"关于对匿名性的斗争又会怎样？有朝一日，我们全部匿名还是部分匿名之争只是一朝之事，总会过去。"安德鲁思考了一会儿，说道，"我们这样来解释：100 年前马商也憎恶汽车工业。那些聪明的马主和设备制造商都想着获利。其他人则说：汽车一定是一时之物。终究会成为过去时的。我们早晚会不得不面对这样的情况。"

几个月过去了，一周一周，一日一日。我望了一下天花板，仅仅只发了一小会儿呆——随后我又回到笔记本电脑前。

屏幕上的内容是：迷惘时期的迷茫笔记。打印出来的各种毒品交易网站网页、毒品成分的医学解释、多日未洗的脏咖啡杯、旅行单据、一个记满名字和号码的日记簿、一个名牌，上面写着"第八届柏林安全对话"。

汤姆来消息。他想要这本书。

"丝绸之路"此刻又出现在搜索栏——黑客攻击了网店，所有比特币也被洗劫一空。"丝绸之路"的用户在讨论能否向法庭起诉。最大的比特币交易所之一 Mt. Gox 因遭受重创而破产。所有人的等待都落空。也就是说，钱拿不回来。这是否意味着匿名货币的信任危机？官方或者黑客下一次再攻击，遵循原则：进来、制造混乱、匿名偷盗，或者乔装打扮？谁知道会怎样。

"丝绸之路"再次上报：巴伐利亚州犯罪调查局抓获 24 岁的毒贩，他在网上以网名 Der Pfandleiher 在 2011 至 2013 年之间销售大量可卡因、MDMA、Speed 及其他毒品。据巴伐利亚州犯罪调查局消息，其间销售额达 500 万欧元。确实是条大鱼。调查员偶然注意到 Sascha F.：另一个"丝绸之路"毒贩发给奥地利买家的包裹，包裹被运到错误的地址。之后官方开始大范围调查。

这些都好像是来自飘忽的过去的新闻。我点击小洋葱，它又变成红色，Tor 网浏览器消失。这一切对我和我的生活意味着什么，能不能简单地概括为下面的话？

"也许意味着什么，也许不意味着什么，在漫长的路途中……一切没有解释，没有文字或音乐或记忆的混合能够真切地触及此时的感受，我知道你在那里，真实地存在于时间和世界的那个角落。不论这意味着什么……"——亨特·斯托克顿·汤普森，《拉斯维加斯的恐惧与憎恨》。

无论如何，故事在此处结束，2014 年初的某日。当我重新回忆一切，感觉是发了一次烧，做了一个梦，或者想起的是中间某次不寻常的经历。

在我把手稿添加到电子邮件时，我始终认为它将滑落到奇幻世界。再看一眼加密的邮箱地址，然后我点击了"发送"。

民众有时对某些事总是视而不见，直到事情征服或侵袭了自己。Tor 网不代表世界革命，也不代表我们要改变生活，从此加密地活着；它也不意味技术总要有好坏之分。Tor 网意味着，如果我们不希望自己被那些因其复杂性和难理解性而长久不受关注的事征服，我们必须主动接触和研究它。我们要从自身开始，而不是想着情报机构或者爱德华斯·诺登。我们要自问，为什么在现实生活中，去洗手间时要关上身后的门，为什么在互联网中我们不这样做。我们必须判断事件中何为对、何为错。

我们必须自问，为什么我们在谈话中不讲令我们感到羞耻的缺点和不足，或者不讲不想让他人知道的私密。我们必须自问，为什么却在网上与所有人分享了这些信息。因为我们长久以来缺乏了解，不知道数据扩散的范围，也不清楚都有谁会掌握我们的信息。我们不能再把互联网当作匿名、自由的乌托邦——就像只有知道寻找兔子的入口在哪儿的人才能到达的地方。

该回来说说奇幻世界了。说说我们是不是带着些许幻想或早或晚地到了那里。我相信那里发生的一切。消息不见了，消息发出了。

"爱丽丝。"我合上笔记本电脑，点了一支烟。"爱丽丝，你还会想念奇幻世界吗？还是这一切都只是胡言乱语？"我问她，我望向对面楼的房间和那扇窗子。还记得弗朗克·普什林在这里说过的话吗？

对面的房间空荡荡的，窗子也一样。爱丽丝回家去了。

致谢

特别感谢所有参与本书写作的人，没有他们的支持和帮助，本书
将不会问世：

斯蒂芬·罗泽曼（下萨克森州犯罪调查局）

弗朗克·普什林（下萨克森州犯罪调查局）

拉尔夫·布曼（下萨克森州犯罪调查局）

阿恩德·洪奈克

弗朗克·朗格（费尔登最高检察院）

迪特·考赫海姆（汉诺威最高检察院）

克里斯蒂安·巴尔斯（MOGiS e.V. – 声援事件受害者）

弗洛里安·瓦尔特（www.walter-it-security.com）

莫里茨·巴尔特（www.torservers.net）

安德鲁·路易曼（Tor 网项目）

丹尼尔·多姆沙伊特 – 伯格

莱科·平克特（联邦 90/ 绿党汉斯 – 克里斯蒂安·斯特罗贝办公室）

史蒂凡·乌尔巴赫

贝恩德·费克斯（瓦乌霍兰德基金会）

西蒙·多内尔

馔
创美工厂出品

出 品 人：许　永
责任编辑：许宗华
特约编辑：代世洪
版权编辑：黄湘凌
封面设计：海　云
内文制作：石　英
责任印制：梁建国　潘雪玲
发行总监：田峰峥

投稿信箱：cmsdbj@163.com
发　　行：北京创美汇品图书有限公司
发行热线：010-53017389　59799930

创美工厂
微信公众平台

创美工厂
官方微博